Anleitung zum Praktikum der analytischen Chemie

in drei Teilen

Von

Dozent Dr. S. Walter Souci

unter Mitwirkung von

Professor Dr. Dr. Franz Fischler und Dr. Heinrich Thies

Erster Teil

Praktikum der qualitativen Analyse

Springer-Verlag Berlin Heidelberg GmbH 1943

Praktikum der qualitativen Analyse

Von

Dozent Dr. S. Walter Souci

unter Mitwirkung von

Professor Dr. Dr. Franz Fischler und Dr. Heinrich Thies

Dritte Auflage

Springer-Verlag Berlin Heidelberg GmbH 1943

ISBN 978-3-662-35554-1   ISBN 978-3-662-36383-6 (eBook)
DOI 10.1007/978-3-662-36383-6

Vorbemerkung.

Die *Anleitung zum Praktikum der analytischen Chemie* ist aus
der langjährigen praktischen Erfahrung entstanden, die sich im
analytisch-chemischen Praktikum am *Institut für Pharmazeutische und Lebensmittelchemie der Universität München* bei der
Unterrichtung der Studierenden herausgebildet hat. Sie gliedert
sich in drei Teile, die zur Erleichterung ihrer Benützung getrennt zu handhaben sind, nämlich:

1. Teil: Praktikum der qualitativen Analyse,
2. Teil: Ausführung qualitativer Analysen,
3. Teil: Praktikum der Gewichtsanalyse.

Die Anleitung verfolgt den Zweck, dem Studierenden in möglichst kurzer Ausbildungszeit ein ausreichendes Maß an Wissen
und Können auf dem Gebiete der analytischen Chemie zu ver-
mitteln und ihm damit gleichzeitig sichere Grundlagen für sein
späteres Studium zu geben. Diesem Zweck entsprechend beschränkt sich der Inhalt der drei Teile auf die Bedürfnisse des
Praktikums, wobei jedoch auf die eingehende und gründliche
Behandlung des ausgewählten Stoffes besonderer Wert gelegt ist.

Der Umfang der Anleitung ist so gehalten, daß bei guter
Zeitausnützung sämtliche drei Teile zusammen in 2 Semestern
bei einem Zeitaufwand von 20—25 Wochenstunden durch-
gearbeitet werden können. Dabei wird vorausgesetzt, daß im
ersten Teil ausnahmslos jede Reaktion ausgeführt und schrift-
lich ausgearbeitet wird, während von den Aufgaben der Gewichtsanalyse nur auswahlsweise ein Teil erledigt werden muß.

Für die Zwecke des am *Institut für Pharmazeutische und Lebensmittelchemie
München* durchgeführten analytisch-chemischen Praktikums für Pharma-
zeuten hat sich beispielsweise die Ausführung von je 3 qualitativen Analysen über
die Abschnitte I—III und 15 Gesamtanalysen sowie ferner die Durchführung
von 5 gravimetrischen Einzelbestimmungen, 3 zweifachen Trennungen und 2
dreifachen Trennungen als zweckmäßig und ausreichend erwiesen. Für die
Zwecke des chemischen und lebensmittelchemischen Studiums ist eine
eingehendere Ausbildung erforderlich (größere Anzahl von Analysen und quanti-
tativen Arbeiten, Ausführung einiger vierfacher Trennungen).

Der vorliegende *erste Teil der Anleitung* stellt unter wesentlicher Kürzung und unter Neuaufnahme wichtiger Reaktionen
eine zeitgemäße Weiterführung der altbewährten „Anleitung

zur qualitativen chemischen Analyse" von VOLHARD dar, die am ChemischenLaboratorium derBayer.Akademie derWissenschaften (jetzt Chemisches Universitätsinstitut) zu München entstanden ist. Er ist unter Beibehaltung des Unterrichtsgrundsatzes des „VOLHARD" in der Weise gestaltet, daß der Studierende durch die Beschreibung geeigneter Versuche und darauf Bezug nehmende Fragen zur experimentellen Arbeit und gleichzeitig zur theoretischen Ausarbeitung fortschreitend angeleitet wird.

Zur Ergänzung sind an verschiedenen Stellen theoretische Erläuterungen gegeben, welche die gerade dem Anfänger oft schwer verständlichen Gesetzmäßigkeiten und Vorgänge der analytischen Chemie zum Gegenstand haben. Ferner sind den einzelnen Kapiteln jeweils kurzgefaßte Angaben über Bedeutung, Vorkommen, Technologie und Verwendung der behandelten Stoffe vorausgeschickt, um damit dem Studierenden die Beziehungen zur Praxis zu vergegenwärtigen. Diese Angaben sind als Hinweise gedacht; sie erheben keinen Anspruch auf Vollständigkeit und sollen zur Weiterarbeit anregen.

Der Stoff des vorliegenden ersten Teils der Anleitung gliedert sich in vier Abschnitte. Nach der Bearbeitung eines jeden Abschnitts ist zweckmäßig eine Prüfung durch den Leiter des Praktikums einzuschalten, wonach bei erfolgreicher Ablegung die Ausführung der Übungsanalysen zu erfolgen hat. Als Anleitung hierfür dient der zweite Teil: *Ausführung qualitativer Analysen*, der in seiner Anordnung der Stoffeinteilung des ersten Teils genau entspricht und die Anordnung der einzelnen Reaktionen bei der Untersuchung anorganischer Stoffgemische beschreibt.

Gegenüber der ersten Auflage, die im Jahre 1932 durch das *Universitätsinstitut für Pharmazeutische und Lebensmittelchemie München* herausgegeben wurde (als Manuskript gedruckt und nicht im Buchhandel erschienen), unterscheidet sich die vorliegende dritte Auflage dadurch, daß die Einzelversuche des ersten Teils in noch stärkerem Maße auf die Ausführung der Analysen abgestellt sind. Eine Reihe von Versuchen sowie von theoretischen Erläuterungen wurde neu aufgenommen; auch verschiedene bewährte neuere Nachweismethoden mit organischen Reagenzien wurden berücksichtigt, soweit sie einen besonderen Vorteil gegenüber älteren Nachweismethoden besitzen.

In diesem Zusammenhang ist der freundlichen und förderlichen Mitarbeit des Herrn Prof. Dr. KURT TÄUFEL, Technische Hochschule Dresden, dankbar zu gedenken, die er dem Entstehen dieser Anleitung bei der Zusammenstellung der ersten Auflage zukommen ließ. Durch seinen Weggang vom Institut infolge Berufung nach auswärts konnte diese Mitarbeit leider nicht fortgesetzt werden.

München, April 1943.

Institut für Pharmazeutische und
Lebensmittelchemie der Universität.

Professor Dr. B. BLEYER.

Inhalt.

Erster Teil.

Anleitung zum Praktikum der qualitativen Analyse.

Unfall- und Schadenverhütung.

Durch unsachgemäßes Arbeiten oder Nachlässigkeit ereignen sich im chemischen Laboratorium gelegentlich Sach- und Personenschäden. Ihre bestmögliche Verhütung ist unbedingte Pflicht. Man beachte hierfür die folgenden Richtlinien[1]).

1. Vermeidung von Schäden durch Feuer.

Beim Arbeiten mit Äther und Schwefelkohlenstoff (auch kleinen Mengen) überzeuge man sich davon, daß sich in der Nähe keine offenen Flammen befinden. Gefäße mit Äther und Schwefelkohlenstoff nie offen stehen lassen!

Flüssigkeiten, welche Alkohol oder Äther enthalten, dürfen nicht über offener Flamme eingedampft werden. Für das Eindampfen alkoholhaltiger Flüssigkeiten beachte man die auf S. 61, Anm. 1 gegebenen Hinweise.

Man achte darauf, daß Gasschläuche am Gashahn und Brenner gut sitzen. Ein Abspringen von Schläuchen führt zu Feuer- und Explosionsgefahr. Besonders bei älteren Schläuchen, die brüchig oder unelastisch geworden sind, zu beachten!

Man vermeide, daß die Flamme des Brenners infolge Drosselung der Gaszufuhr „zurückschlägt". Zurückgeschlagene Flammen sind meist erkennbar an ihrer grünlichen Farbe. Man stelle die Gaszufuhr ab und lasse den Brenner erkalten. Evtl. Beschleunigung der Abkühlung durch Bespritzen mit Wasser! Das Durchschlagen der Flamme ist besonders deshalb gefährlich, weil durch die Erhitzung des Brenners der Gasschlauch abschmelzen kann und dadurch Feuer- und Explosionsgefahr entsteht. Außerdem besteht die Möglichkeit von Verbrennungen durch Berührung durchgeschlagener Brenner.

Brennt ein Brenner längere Zeit mit voller Flamme an der gleichen Stelle, so ist dafür Sorge zu tragen, daß durch die zurückgestrahlte Wärme keine zu starke Erhitzung der

---

[1]) In den vorliegenden Richtlinien sind im allgemeinen nur die beim analytisch-chemischen Arbeiten vorkommenden Schäden berücksichtigt.

Holzunterlage stattfindet. Man beschaffe hierzu eine isolierende, zweckmäßig hohl liegende Unterlage.

Zur Vermeidung von Schäden durch die **Sparflamme des Bunsenbrenners** stelle man diesen stets unter ein Drahtnetz oder ein Wasserbad, niemals unter das Holzregal des Arbeitsplatzes. Am Rand des Arbeitsplatzes stehende Sparflammen führen häufig zur Verbrennung der Kleider oder der Haut.

Ist Feuer ausgebrochen, so bringe man, soweit durchführbar, noch nicht in Brand geratene feuergefährliche Stoffe aus dem Bereich des Brandherdes. Den Brandherd greife man mit einem Feuerlöschgerät an oder schütte Sand aus den bereitstehenden Sandkästen auf. Begießen mit Wasser hat bei Äther- und Schwefelkohlenstoffbränden keinen Zweck!

Haben die Kleider einer Person Feuer gefangen, so wird das Feuer durch übergeworfene, fest anzudrückende Schutzdecken, Bekleidungsstücke od. dgl. erstickt, oder dadurch, daß man den Verunglückten in seinen brennenden Kleidern auf dem Boden rollt.

2. Vermeidung von Schäden durch Wasser.

Wasserschäden sind stets auf ein Nichtschließen der Wasserhähne nach Gebrauch, auf die Verwendung schadhafter (alter) Gummischläuche oder ein Abspringen der Gummischläuche zurückzuführen. Man trage dafür Sorge, daß derartige Vorkommnisse sich nicht ereignen können.

3. Vermeidung sonstiger Schäden.

Zahlreiche der im analytisch-chemischen Praktikum benützten Stoffe sind giftig. Man vermeide sorgsam, solche Stoffe zu sich zu nehmen oder einzuatmen. Insbesondere esse man nicht beim Arbeiten. Geschmacksfeststellung bei unbekannten Stoffen ist unzulässig.

Beim Arbeiten mit giftigen Gasen (besonders Schwefelwasserstoff, Arsenwasserstoff, Kakodyloxyd, Kohlenoxyd, Quecksilberdämpfe) oder mit Stoffen, die solche Gase entwickeln (z. B. Kaliumcyanid, Ammoniumsulfid) sind stets die **Abzüge** zu benützen. Reste von Stoffen, die giftige Gase entwickeln können, insbesondere **Kaliumcyanid,** sind stets in den **Ausguß** unter dem Abzug zu gießen, wobei man gleichzeitig reichlich Wasser nachfließen läßt.

Beim Aufsaugen von Flüssigkeiten, insbesondere ätzenden Flüssigkeiten (Säuren und Laugen) mittels einer Pipette achte man sorgsam darauf, daß während des Ansaugens nicht Luft in die Pipette eintritt, da in diesem Fall die Flüssigkeit leicht in den Mund geraten kann.

Erhitzt man eine Flüssigkeit im Reagensglas zum Sieden, so ist die Öffnung des Reagensglases nicht gegen den Nachbar zu richten. Es besteht sonst die Gefahr, daß durch Siedeverzüge herausgeschleuderte Flüssigkeitsanteile zu Verbrennungen oder Verätzungen führen.

Besonderer Schutz gebührt den Augen, was namentlich bei einer Verspritzung ätzender, feuergefährlicher oder heißer Flüssigkeiten zu beachten ist. Man beuge sich nicht über die Gefäße, sondern halte das Gesicht möglichst weit entfernt. Müssen Versuche ausgeführt werden, die mit einer Verspritzung oder Explosion (auch kleiner Mengen) verbunden sind, so arbeite man hinter der Glaswand eines Abzuges. Die Hände sind nötigenfalls durch Umwickeln mit einem Tuch zu schützen.

Sind Kleider oder Schuhe mit Säuren oder Laugen in Berührung gekommen, so benetzt man die beschädigte Stelle möglichst rasch mit Ammoniak (bei Säuren) bzw. verdünnter Essigsäure (bei Laugen) und spült dann mit reichlichen Mengen Wasser nach.

Erste Hilfe bei Unfällen.

Bei allen schwereren Unfällen und solchen Unfällen, deren Schwere nicht beurteilt werden kann, ist der Verunglückte sofort der ärztlichen Behandlung (Klinik) zuzuführen. Die erste Hilfe durch Laien hat nach folgenden Richtlinien zu erfolgen.

1. Brandwunden.

Bei Verbrennungen leichten Grades bespüle man die verbrannte Stelle mit abs. Alkohol und pudere sie dann ein. Bei schwereren Verbrennungen übergieße man die verbrannte Stelle mehrere Male mit 5%iger wäßriger Tanninlösung[1]) und lege eine Wismut-Brandbinde auf. Kein Wasser anwenden! Brandblasen nicht aufschneiden!

---

[1]) Die Lösung ist nicht haltbar. Zu ihrer Herstellung empfiehlt es sich, stets abgewogene Mengen Tannin und destilliertes Wasser vorrätig zu halten.

2. Größere Schnittwunden.

Verbinden mit trockenem, keimfreiem (!) Mullverband. Falls nicht vorhanden, Wunde offen lassen und zum Arzt. Nicht mit Wasser auswaschen! Keine Watte! Bei Schlagaderblutungen Abbinden des Gliedes zwischen Wunde und Herz.

3. Augenverätzungen.

Mit der Spritzflasche reichlich Wasser in die Augen spritzen, wobei die Augenlider durch eine zweite Person auseinander gehalten werden. Dann Verbinden des Auges mit einer Mullbinde oder einem sauberen Tuch und sofort zum Arzt.

4. Verätzungen der Haut durch Säuren oder Alkalien.

Abwaschen mit kräftigem Wasserstrahl. Dann Betupfen mit Natriumbicarbonatlösung (bei Säuren) oder etwa 5%iger Essigsäure (bei Laugen). Im Anschluß daran Salbenverband.

5. Verätzungen des Mundes durch Säuren und Laugen.

Mund kräftig mit Wasser ausspülen. Dann Spülen mit einer Aufschwemmung von Magnesiumoxyd (bei Säuren) oder mit etwa 5%iger Essigsäure (bei Laugen).

6. Verätzungen des Magens durch Säuren oder Laugen sowie sonstige Vergiftungen.

Brechreiz schaffen, indem man bei gebeugter Haltung mit einem Finger den Gaumen berührt. Erbrochenes nicht wegwerfen, sondern zur evtl. Untersuchung aufheben. Beim Verschlucken von Säuren lasse man nach dem Erbrechen eine Aufschwemmung von Magnesiumoxyd trinken, bei Laugen gebe man in kleinen Portionen etwa 5%ige Essigsäure. Bei sonstigen Vergiftungen (auch bei Säuren und Laugen) lasse man Haferschleim oder Milch trinken.

7. Vergiftungen durch giftige oder ätzende Gase.

Unbedingte Ruhe und frische Luft. Schwervergiftete in die frische Luft tragen!

Tabelle 1.

Periodisches System der Elemente.

(Stand 1942)

Gruppen	I a	I b	II a	II b	III a	III b	IV a	IV b	V a	V b	VI a	VI b	VII a	VII b	VIII a	VIII b
Wasserstoffverbindungen	RH		RH_2		RH_3		RH_4		RH_3		RH_2		RH		—	—
Sauerstoffverbindungen	R_2O		RO		R_2O_3		RO_2		R_2O_5		RO_3		R_2O_7		RO_4	—
1. Periode	1 H 1,0080															2 He 4,003
2. Periode	3 Li 6,940		4 Be 9,02			5 B 10,82		6 C 12,010		7 N 14,008		8 O 16,0000		9 F 19,00		10 Ne 20,183
3. Periode	11 Na 22,997		12 Mg 24,32		13 Al 26,97			14 Si 28,06		15 P 30,98		16 S 32,06		17 Cl 35,457		18 Ar 39,944
4. Periode	19 K 39,096	29 Cu 63,57	20 Ca 40,08	30 Zn 65,38	21 Sc 45,10	31 Ga 69,72	22 Ti 47,90	32 Ge 72,60	23 V 50,95	33 As 74,91	24 Cr 52,01	34 Se 78,96	25 Mn 54,93	35 Br 79,916	26 Fe 55,85 27 Co 58,94 28 Ni 58,69	36 Kr 83,7
5. Periode	37 Rb 85,48	47 Ag 107,880	38 Sr 87,63	48 Cd 112,41	39 Y 88,92	49 In 114,76	40 Zr 91,22	50 Sn 118,70	41 Nb 92,91	51 Sb 121,76	42 Mo 95,95	52 Te 127,61	43 Ma —	53 J 126,92	44 Ru 101,7 45 Rh 102,91 46 Pd 106,7	54 X 131,3
6. Periode	55 Cs 132,91	79 Au 197,2	56 Ba 137,36	80 Hg 200,61	57—71*	81 Tl 204,39	72 Hf 178,6	82 Pb 207,21	73 Ta 180,88	83 Bi 209,00	74 W 183,92	84 Po 210	75 Re 186,31	85 —	76 Os 190,2 77 Ir 193,1 78 Pt 195,23	86 Rn 222
7. Periode	87 —		88 Ra 226,05		89 Ac 227		90 Th 232,12		91 Pa 231		92 U 238,07					

* Seltene Erden: 57 La 138,92   58 Ce 140,13   59 Pr 140,92   60 Nd 144,27   61 — 62 Sm 150,43   63 Eu 152,0   64 Gd 156,9   65 Tb 159,2   66 Dy 162,46   67 Ho 164,94   68 Er 167,2   69 Tu 169,4   70 Yb 173,04   71 Cp 174,99

Periodisches System der Elemente.

(Lothar Meyer und D. J. Mendelejeff 1869.)

Im periodischen System sind die Eigenschaften der Elemente als periodische Funktionen ihrer Ordnungszahlen dargestellt.

Die Ordnungszahl — auch als Atomnummer der Elemente im periodischen System bezeichnet — ist gleich der Anzahl der positiven Ladungen des Atomkerns bzw. der negativen, den Kern umgebenden Elektronen. Die Ordnungszahl ist eine unveränderliche ganze Zahl, die für jedes Element auf experimentellem Weg ermittelt wurde. Sie steigt im periodischen System von Element zu Element um 1 Einheit.

Nach Rutherford-Bohr (1913) bestehen die Atome aus einem positiv geladenen Atomkern, der von einer den positiven Kernladungen gleichen Anzahl negativer Elektronen (Teilchen negativer Elektrizität) umkreist wird. Der Atomkern, in dem die Hauptmasse des Atoms vereinigt ist, ist aus Protonen und Neutronen aufgebaut. Die Protonen sind Wasserstoffkerne, die eine positive Ladung tragen, während die Neutronen, die praktisch die gleiche Masse besitzen wie die Protonen, aber keine Ladung tragen, aus je 1 Proton und 1 Elektron zusammengesetzt sind. Sie unterscheiden sich von Wasserstoffatomen, die ebenfalls aus je 1 Proton und 1 Elektron bestehen, dadurch, daß bei ihnen das Elektron den Atomkern nicht wie beim Wasserstoffatom in einem bestimmten Abstand umkreist, sondern im Kern selbst sitzt.

Im Gegensatz zu den Protonen und Neutronen sind die Elektronen praktisch ohne Masse [ihre Masse beträgt nur einen verschwindend kleinen Bruchteil ($^1/_{1865}$) derjenigen eines Protons].

Außer den Protonen und Neutronen können im Atomkern noch Positronen und (möglicherweise) Neutrinos vorhanden sein. Positronen sind Teilchen positiver Elektrizität, die die gleiche Masse wie Elektronen haben, während die hypothetisch angenommenen Neutrinos keine Ladung und Masse besitzen. Auch kommen im Atomkern wahrscheinlich in vorgebildeter Form noch α-Teilchen (Heliumkerne) und andere Edelgaskerne (Xenon, Krypton) vor, die beim Atomzerfall in Freiheit gesetzt werden können.

Ordnet man die Elemente nach steigender Ordnungszahl, so kann man feststellen, daß bestimmte Eigenschaften der Elemente mehrmals in der Reihe wiederkehren. Schreibt man die ähnlichen Elemente untereinander, so kommt man zu 7 Teilreihen, Perioden genannt, deren einzelne Glieder 8 senkrecht angeordnete Gruppen (I.—VIII. Gruppe des periodischen Systems) bilden.

Die Eigenschaften der Elemente stehen in gesetzmäßiger Abhängigkeit von ihrer Stellung im periodischen System, wie sich aus folgender Zusammenstellung ergibt:

1. *Die Wertigkeit gegen Wasserstoff steigt, sofern Wasserstoffverbindungen bekannt sind, in den Gruppen I—IV von 1 auf 4 und fällt dann in den folgenden Gruppen wieder stufenweise ab.*

2. *Die Maximalwertigkeit gegen Sauerstoff steigt, den Gruppen I—VIII entsprechend, von 1 auf 8.*

3. *In jeder Periode nimmt der basenbildende (metallische) Charakter der Elemente von links nach rechts ab, während gleichzeitig der säurebildende (metalloide) Charakter zunimmt.*

4. *In den einzelnen Gruppen nimmt der metallische Charakter von oben nach unten zu.*

5. *Viele physikalische Eigenschaften (Atomvolumen, magnetisches Verhalten, Farbe u. a.) sind periodische Funktionen der Ordnungszahl.*

Diese Gesetzmäßigkeiten finden ihre Erklärung durch die BOHRsche *Lehre vom Atombau. Danach sind die den Atomkern umkreisenden Elektronen auf Bahnen angeordnet, die den Kern konzentrisch umgeben und (von innen nach außen gehend) als K-, L-, M-, N-, O-, P-, Q-Schale bezeichnet werden. Jede dieser Schalen ist in gesetzmäßiger Weise mit Elektronen besetzt (vgl. Abb. 1). Die so aufgebaute Elektronenhülle ist jeweils für die chemischen Eigenschaften der Elemente bestimmend. Wenn bei einem Element die äußerste Schale mit 8 Elektronen besetzt ist, nimmt die Elektronenhülle einen besonders stabilen Zustand an, und das betreffende Element verhält sich chemisch inaktiv (Edelgase). Die Elemente aber, deren äußerste Elektronenschale weniger als 8 Elektronen enthält, sind reaktionsfähig und haben das Bestreben, den stabilen Zustand einer „Edelgashülle" durch Aufnahme oder Abgabe von Elektronen herbeizuführen; z. B. vermag das Chlor, in dem die K-Schale 2 Elektronen, die L-Schale 8 Elektronen, die (äußerste) M-Schale aber nur 7 Elektronen enthält, 1 Elektron aus einem anderen Element in seine M-Schale aufzunehmen (Überführung von Chlor in Chlorion; Chlor = negativ I-wertig) oder die 7 Elektronen seiner M-Schale an andere Elemente abzugeben (Überführung von Chlor in Perchloration; Chlor = positiv VII-wertig). Da die Gruppennummern des periodischen Systems mit der Zahl der Elektronen übereinstimmen, die in der äußersten Schale der Atome eines Elements vorhanden sind (Aus-*

nahmen bei Elementen mit hoher Ordnungszahl), so ist bei Abgabe aller Außenelektronen die Wertigkeit des betreffenden Elements immer gleich seiner Gruppennummer (Wertigkeit gegen Sauerstoff), während bei Auf-

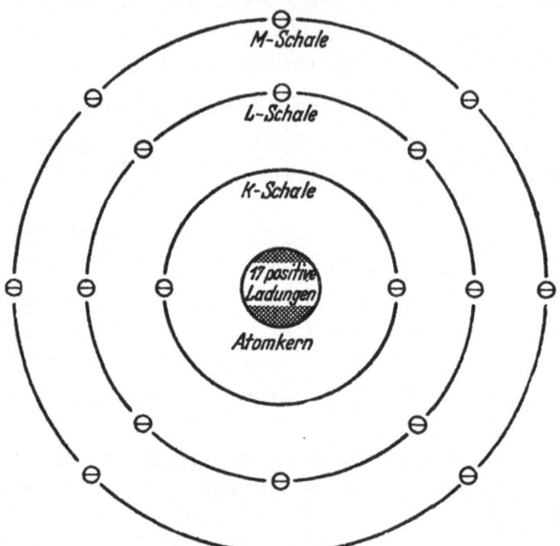

Abb. 1. *Atommodell des Chlors (schematisch).*
⊖ = *Elektron.*

füllung der Außenschale auf 8 Elektronen sich die Wertigkeit aus der Differenz der Gruppennummer VIII und der Gruppennummer des betreffenden Elements ergibt (Wertigkeit gegen Wasserstoff in den Gruppen IV—VIII).

L. MEYER *und* D. J. MENDELEJEFF *hatten ursprünglich nicht die Ordnungszahl, sondern das Atomgewicht der Elemente als Grundlage für die Aufstellung des periodischen Systems gewählt. Bei einer solchen Anordnung nach den Atomgewichten hätte aber K (39,096) vor Ar (39,944), Ni (58,69) vor Co (58,94) und J (126,92) vor Te (127,61) stehen müssen, was mit ihren chemischen Eigenschaften nicht vereinbar erschien. Bei diesen Elementen wurde daher das eigentliche Ordnungsprinzip nach den Atomgewichten durchbrochen; sie wurden nach ihren chemischen Eigenschaften in das periodische System eingeordnet, eine Maß-. nahme, die sich nach Auffindung der Ordnungszahl als richtig erwies.*

Isotope. Die Größe der Atomgewichte hängt bei jedem Element von der Anzahl der Protonen und Neutronen im Atomkern ab. Die Zahl der letzteren kann auch bei ein und demselben Element verschieden groß sein. Es liegen dann Elemente von verschiedenem Atomgewicht vor, die aber die gleiche Ordnungszahl und die gleichen chemischen Eigenschaften haben. Solche Elemente bezeichnet man als Isotope.

Erster Teil.

Anleitung

zum

Praktikum der qualitativen Analyse.

Einführung.

Bei der Durchführung der praktischen Arbeiten über den ersten Teil der vorliegenden Anleitung sind die im folgenden gegebenen Richtlinien zu beachten.

1. Man mache es sich zur Regel, die praktische Ausführung der Versuche und die theoretische (schriftliche) Ausarbeitung auf dem eingeschossenen Papier ohne zu großen zeitlichen Abstand vorzunehmen, und zwar ist die schriftliche Ausarbeitung des vorauszusehenden Tagespensums, soweit dies möglich ist, stets vor der praktischen Ausführung der Versuche vorzunehmen. Eine längere Vorausarbeitung der praktischen Versuche und spätere schriftliche Nacharbeitung oder auch umgekehrt ist ungeeignet. Die schriftliche Bearbeitung erfolgt zweckmäßig mit Bleistift, um eine spätere Korrektur zu ermöglichen. Zur Erleichterung der Übersicht ist die Ausarbeitung auf dem eingeschossenen Papier mit den gleichen Nummern zu versehen, die den Textabschnitten des Buches vorangestellt sind. — Es wird empfohlen, sich bei der theoretischen Ausarbeitung eines Lehrbuchs der analytischen Chemie zu bedienen[1]).

2 Aus Gründen der Vereinfachung sind im Text die Angaben der Reagenzien in der Weise gehalten, daß nur der gelöste Stoff angegeben ist. Z. B. bedeutet der Ausdruck „Silbernitrat" sinngemäß, daß eine wäßrige Silbernitratlösung zu verwenden ist. Über die Konzentration der zu verwendenden Reagenslösungen finden sich nähere Angaben in der als Anhang auf S. 126 beigefügten Zusammenstellung. Sind Versuche mit Substanzen auszuführen, die nicht in Lösung vorrätig gehalten werden, sondern erst jeweils aufgelöst werden

---

[1]) Geeignete Lehrbücher der analytischen Chemie sind u. a.: A. GUTBIER, Lehrbuch der qualitativen Analyse. Stuttgart: K. Wittwer, 1921, 592 Seiten (Preis: RM 8.10). — F. P. TREADWELL, Lehrbuch der analytischen Chemie, I. Band, Qualitative Analyse. Leipzig und Wien: F. Deuticke, 1940, 578 Seiten (Preis: RM 17.—). — W. BÖTTGER, Qualitative Analyse und ihre wissenschaftliche Begründung. Leipzig: W. Engelmann, 1925, 644 Seiten (Preis: RM 22.—).

müssen, so ist — falls nichts anderes angegeben ist — die Einhaltung bestimmter Konzentrationen nicht erforderlich.

3. Über die Mengen, mit denen die Reaktionen auszuführen sind, sind ebenfalls im allgemeinen keine Angaben gemacht, doch gewöhne man sich schon aus Gründen der Material- und Zeitersparnis daran, mit kleinen Mengen auszukommen. Es empfiehlt sich — wo nichts anderes angegeben ist —, als Reaktionsgefäße nach Möglichkeit stets Reagensgläser zu benützen und so viel von den reagierenden Stoffen zu verwenden, daß das Reagensglas etwa zu $1/4$ bis $1/3$ seines Volumens angefüllt ist. Bei Versuchen, die unter Verwendung fester Substanzen ausgeführt werden (z. B. trockenes Erhitzen u. dgl.), genügt im allgemeinen eine Substanzmenge, die die Kuppe des Reagensglases ausfüllt.

4. Für die rasche und ungestörte Erledigung der Praktikumsarbeiten ist es erforderlich, die benötigten Geräte und Chemikalien im voraus bereitzustellen, da sonst für ihre Beschaffung oft unverhältnismäßig viel Zeit verlorengeht. Um dies zu ermöglichen, findet sich am Schluß des ersten Teils (S. 124 und 126) eine Liste der benötigten Geräte und Chemikalien. Es empfiehlt sich, vor Beginn jedes Unterabschnitts die angegebenen Chemikalien nach der dort gegebenen Anweisung zu beschaffen.

Erster Abschnitt.

1. Kaliumchlorid[1]). KCl.

Kalium: K = 39,096; 1. Gruppe des periodischen Systems;
Ordnungszahl 19; Wertigkeit[2]) +I.

Chlor: Cl = 35,457; 7. Gruppe des periodischen Systems;
Ordnungszahl 17; Wertigkeit[2]) −I, +I, +III, (+IV),
+V, (+VI), +VII.

Vorkommen: Kalium. Weit verbreitet im Mineralreich (Feldspäte, Salzlager); im Pflanzenreich (Kaliumsalze als Kunstdünger: Sylvin KCl,
Carnallit $MgCl_2 \cdot KCl \cdot 6 H_2O$, Kainit $MgSO_4 \cdot KCl \cdot 3 H_2O$).
Chlor. Als Chlorid im Meerwasser, in Salzlagern, im Tierreich (Harn,
Blut, Magensaft).

Zu untersuchen: Kaliumchlorid (KCl),
Kaliumcarbonat, zur Analyse (K_2CO_3).

1. Etwas Kaliumchlorid werde im Reagensglas über der
Flamme des Bunsenbrenners langsam *erhitzt.* Das Salz verknistert
zuerst (Ursache?), schmilzt dann und erstarrt beim Erkalten
krystallin (was ist krystallin, was amorph?).

2. An einem glühenden Magnesiastäbchen[3]) schmilzt man
einige Körnchen reinstes Kaliumcarbonat[4]) K_2CO_3 an und bringt
es in die nichtleuchtende Flamme des Bunsenbrenners. Ursache
und Vorgang der *Flammenfärbung?* Beschreibe Teile und Wirkung der nichtleuchtenden und leuchtenden Flamme des Bunsenbrenners!

---

[1]) Pharmazeutisch als Kalium chloratum bezeichnet (nicht zu verwechseln mit dem offizinellen Kalium chlorat = Kalium chloricum $KClO_3$).

[2]) Eine Erklärung des Begriffs „*Wertigkeit*" findet sich auf S. 34.

[3]) Vor seiner Benützung ist das Magnesiastäbchen an einem Ende
einige Minuten in der Flamme des Bunsenbrenners auszuglühen. Nach der
Benützung bricht man das gebrauchte Ende ab und kann das verbleibende
Stück wieder verwenden.

[4]) Zu verwenden: Kaliumcarbonat vom Reinheitsgrad „zur Analyse".
Kaliumchlorid oder weniger reines Kaliumcarbonat geben die Flammenfärbung
des Kaliums nicht so deutlich.

3. Man prüfe die Löslichkeit von Kaliumchlorid in Wasser und die Reaktion der Lösung gegen Lackmuspapier. Welche Bestandteile enthält die Lösung?

Elektrolytische Dissoziation.

(Erster Teil.)

Löst man Kaliumchlorid in Wasser auf, so befinden sich in der wäßrigen Lösung nicht KCl-Molekeln, sondern Bestandteile derselben, die sich vom Element Kalium und dem Element Chlor ableiten. Sie unterscheiden sich von den letzteren dadurch, daß sie eine elektrische Ladung tragen und die Fähigkeit haben, den elektrischen Strom zu leiten. Wegen ihrer Eigenschaft, beim Durchgang des Stromes an die Elektroden zu wandern, werden diese Zerfallsprodukte als Ionen [ἴων (griech.) = gehend] bezeichnet, und zwar diejenigen, die an den negativen Pol (Kathode) gehen, als Kationen und diejenigen, die sich an den positiven Pol (Anode) begeben, als Anionen. Die Wanderung wird verursacht durch die Anziehung entgegengesetzter elektrischer Ladungen. Infolgedessen sind die Kationen positiv, die Anionen negativ geladen. Diesen Umstand bringt man durch ein hochgestelltes $+$-Zeichen oder einen hochgestellten Punkt bzw. durch ein $-$-Zeichen oder einen hochgestellten Strich nach dem chemischen Symbol zum Ausdruck (z. B.: $K^{\cdot}$, Cl').

Ähnlich wie Kaliumchlorid bilden alle Salze, Säuren und Basen in wäßriger Lösung Ionen. Sie werden auf Grund dieser Eigenschaft zusammenfassend als Elektrolyte bezeichnet, und zwar stellen alle Metallionen und Wasserstoffionen Kationen dar, während die Hydroxylionen und Säurereste als Anionen auftreten. Die Spaltung der Elektrolyte in ihre Ionen wird als elektrolytische Dissoziation (= elektrolytische Spaltung) bezeichnet.

Die Ionen entstehen, wie bereits im Abschnitt „Periodisches System" (S. 6) erwähnt, aus den elektroneutralen Atomen durch Aufnahme oder Abgabe von Elektronen. Gibt ein Atom aus seiner äußersten Elektronenschale ein oder mehrere Elektronen ab, so entsteht ein Kation; nimmt es dagegen Elektronen auf, so wird es zu einem Anion.

Bei vielen Säuren treten die Ionen nur in wäßriger Lösung auf. Im wasserfreien Zustand liegen solche Säuren in Form undissoziierter Molekeln vor (Pseudosäuren). Dagegen bestehen die Salze auch im festen Zustand aus Ionen. Ihre Krystalle stellen, bildlich ausgedrückt, ein Raumgitter dar, dessen Gitterpunkte abwechselnd von Kationen und Anionen besetzt sind („Ionengitter"). Sie werden durch die elektrostatischen Anziehungskräfte der benachbarten, entgegengesetzt geladenen Ionen zusammengehalten. Beim Auflösen oder Schmelzen der Krystalle zerfallen diese Gitter, wodurch die Ionen frei beweglich werden.

Unter den verschiedenen Ionen nehmen die H·-Ionen und OH'-Ionen in chemischer Hinsicht eine besondere Stellung ein. Sie sind die Träger der sauren und alkalischen Reaktion. Man kann daher die Säuren, Basen und Salze gemäß ihrem elektrolytischen Verhalten in folgender Weise unterscheiden:

1. Säuren zerfallen in H·-Ionen und Säurerest-Ionen und besitzen infolge der Anwesenheit der H·-Ionen saure Reaktion;

2. Basen zerfallen in Metall-Ionen und OH'-Ionen und besitzen infolge der Anwesenheit der OH'-Ionen alkalische Reaktion;

3. Salze zerfallen in Metall-Ionen und Säurerest-Ionen und besitzen meist neutrale, in manchen Fällen auch saure oder alkalische Reaktion (vgl. Abschnitt „Hydrolyse", S. 25).

Das Vorhandensein von Ionen in wäßriger Lösung wird außer durch ihre elektrische Leitfähigkeit auch durch ihr osmotisches Verhalten bewiesen. Lösungen von Elektrolyten besitzen nämlich einen hoheren osmotischen Druck als Lösungen von Nichtelektrolyten gleicher molarer Konzentration[1]. Da bei einer bestimmten Temperatur der osmotische Druck nur von der Anzahl der gelösten Teilchen abhängig ist, müssen also Elektrolytlösungen mehr Teilchen enthalten als die Lösungen der Nichtelektrolyte. Diese Tatsache läßt sich nur dadurch erklären, daß infolge der elektrolytischen Dissoziation die Anzahl der gelösten Teilchen in der Elektrolytlösung gegenüber derjenigen in der Nichtelektrolytlösung vergrößert ist, daß also eine Spaltung der Molekeln in Ionen erfolgt ist.

Das Auftreten von Ionen in wäßriger Lösung ist analytisch von besonderer Bedeutung, da sie vielfach mit anderen Ionenarten in augenblicklich verlaufenden Reaktionen charakteristische Fällungen oder Färbungen geben, die sich außerordentlich gut zu ihrem Nachweis eignen; so reagiert z. B. das Cl'-Ion aller Chloride mit dem Ag·-Ion des Silbernitrats immer unter Bildung von Silberchlorid. Die Bildung des Silberchlorids ist also eine typische Reaktion des Chlorions.

Reaktionen des Kaliumions. 4. Natriumkobaltinitrit (BILMANNS Reagens) $Na_3[Co(NO_2)_6]$ erzeugt in Lösungen von Kaliumsalzen einen gelben krystallinen Niederschlag (?).

Zur Herstellung des Natriumkobaltinitrits[2] versetzt man etwa 1 g Natriumnitrit $NaNO_2$ mit 1 ccm Kobaltonitratlösung $Co(NO_3)_2$ und 1 ccm verdünnter Essigsäure CH_3COOH.

---

[1] Lösungen gleicher molarer Konzentration enthalten die gleiche Anzahl Mole (Gramm-Molekeln) im Liter gelöst. Bei Betrachtungen über die elektrolytische Dissoziation werden die Konzentrationen immer in Mol pro Liter oder in Gramm-Ion pro Liter angegeben.

[2] Das Salz kann auch im Handel bezogen werden.

a) $NaNO_2 + CH_3COOH \rightarrow HNO_2 + CH_3COONa$,
b) $Co(NO_3)_2 + 4\,HNO_2 \rightarrow Co(NO_2)_3 + 2\,HNO_3 + H_2O + NO$,
c) $Co(NO_2)_3 + 3\,NaNO_2 \rightarrow Na_3[Co(NO_2)_6]$.

5. Natriumperchlorat NaClO$_4$ erzeugt einen krystallinen Niederschlag (?). Löslichkeit desselben in kochendem Wasser, in kalter verdünnter Salzsäure?

6. Man versetze in einem Becherglas von 150 ccm Fassungsvermögen etwa 50 ccm gesättigte Kaliumchloridlösung mit dem gleichen Volumen konz. **Weinsäurelösung.** Die Mischung bleibt zunächst klar. Nach kurzem Stehen, rascher beim Umrühren, oder wenn man die innere Wandung des Gefäßes mit einem Glasstab reibt (?), entsteht ein krystalliner Niederschlag von *Weinstein* (?). Man läßt absitzen, gießt die über dem Niederschlag stehende klare Mutterlauge ab („*dekantiert*“) und bringt den Krystallbrei auf ein vorher angefeuchtetes glattes Filter[1]). Nachdem die Mutterlauge vollkommen abgetropft ist, wird der Niederschlag ausgewaschen. Man spritzt zu diesem Zweck aus einer kleinen Spritzflasche so viel verdünnten Alkohol (1 : 1) (?) auf das Filter, daß der Niederschlag einige Millimeter hoch bedeckt ist, läßt vollständig abtropfen (?) und wiederholt diese Operation mindestens dreimal. Darauf bringt man das zusammengelegte Filter samt Niederschlag auf eine mehrfache Lage Filtrierpapier, preßt mit Filtrierpapier die Hauptmenge der anhaftenden Flüssigkeit vorsichtig ab und trocknet schließlich den vom Filter losgelösten Niederschlag bei etwa 100° C im Trockenschrank.

7. Mit dem nach Absatz 6 dargestellten *Weinstein* sind folgende Reaktionen auszuführen. — a) Reaktion des Salzes auf befeuchtetes **Lackmuspapier** (?) (Begründung der gefundenen Reaktion?). — b) Eine Probe wird im Reagensglas mit so viel **Wasser** gekocht, daß sie sich eben löst; das Salz krystallisiert beim Erkalten wieder aus („*Umkrystallisieren*“). — c) Eine Probe wird tropfenweise unter gelindem Erwärmen mit so viel **Natriumcarbonat** versetzt, als eben zur Lösung notwendig ist. Sie löst sich unter Aufbrausen (?). *Seignettesalz* (?). Aus dieser Lösung wird durch Zusatz von **Essigsäure** wieder *Weinstein* gefällt (?).

---

[1]) Man unterscheidet **glatte Filter** (Rundfilter) und **Faltenfilter.** Die beim analytischen Arbeiten meist angewendeten glatten Filter sind kreisrunde Filtrierpapierscheiben, die gefaltet in den Trichter eingesetzt und angefeuchtet werden und am Glas glatt anliegen müssen, so daß zwischen Papier und Trichter keine Luftblasen eingeschlossen sind. Das Filter darf niemals über den Trichter hinausragen, sein Rand soll stets etwa $^1/_2$ cm unter dem Trichterrand verlaufen. Beim Filtrieren soll das Trichterrohr an der Wandung des Auffanggefäßes anliegen.

Verwendet man an Stelle der Essigsäure Salzsäure, so entsteht bei genügender Konzentration und vorsichtigem Zusatz ebenfalls ein Niederschlag (?), der bei weiterem Zusatz dieser Säure wieder in Lösung geht (?).

Chlorwasserstoff. 8. Man übergieße etwas festes Kaliumchlorid im Reagensglas mit wenig konz. Schwefelsäure. Das Salz braust auf und entwickelt ein farbloses, stechend riechendes Gas, das an der feuchten Luft *Nebel* bildet (?). Es färbt blaues, mit Wasser befeuchtetes Lackmuspapier rot (?). Man bringe einen mit Ammoniak befeuchteten Glasstab an die Mündung des Reagensglases; es tritt ein dicker, weißer Rauch auf (?).

9. In einen Erlenmeyerkolben von 100 ccm Fassungsvermögen bringt man etwa 5 g festes Kaliumchlorid, übergießt mit konz. Schwefelsäure und setzt ein Gasüberleitungsrohr auf (vgl. Abb. 2). Dann erwärmt man gelinde mit einer kleinen Flamme. Das entweichende Gas wird in ein in einem Reagensglasgestell stehendes, mit Wasser beschicktes Reagensglas geleitet. Man vermeide, daß das Überleitungsrohr in das Wasser eintaucht (?).

10. Die erhaltene Lösung, *Salzsäure*, ist schwerer als Wasser, weshalb man sie in *Schlieren* (?) von der Oberfläche des Wassers herabsinken sieht.

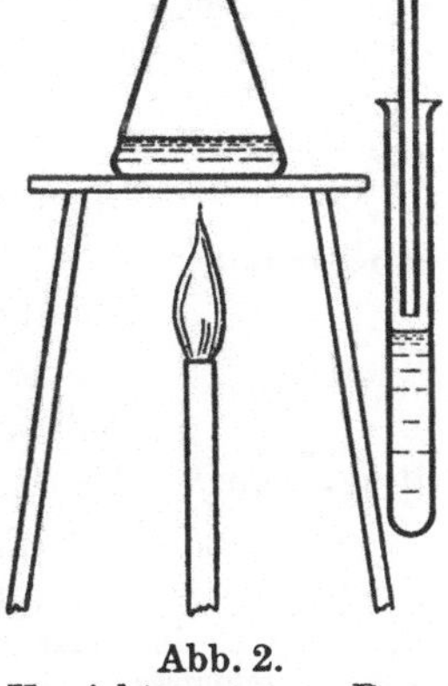

Abb. 2.
Vorrichtung zur Darstellung von Salzsäure.

Was versteht man unter einer *Säure?* Die Salzsäure oder Chlorwasserstoffsäure ist eine *einbasische Säure* (?). *Welche Ionen enthält sie?*

11. Salzsäure entwickelt aus Carbonaten (z. B. Soda) *Kohlendioxyd* (?). Sie löst viele Metalle (z. B. Zink) unter *Wasserstoffentwicklung* (?). Bei beiden Reaktionen entstehen salzsaure Salze (*Chloride*). Die meisten Chloride sind wie das Kaliumchlorid in Wasser löslich. Welche Chloride sind schwer löslich in Wasser?

Reaktionen des Chlorions (*Man verwende hierzu die selbsthergestellte Salzsäure*). 12. Silbernitrat $AgNO_3$ erzeugt einen weißen, käsigen Niederschlag (?), der am Licht allmählich violett wird (?). Man reinige die Fällung durch mehrmaliges Dekantieren mit Wasser und prüfe in einzelnen Proben die Löslichkeit in heißem Wasser, verdünnter und konzen-

trierter Salpetersäure, Ammoniak und Ammoniumcarbonat (?).
Die mit Ammoniak und Ammoniumcarbonat erhaltenen Lösungen versetze man mit verdünnter Salzsäure (?).

Sind nur *Spuren von Chlorion* enthalten, so entsteht eine weiße *Trübung* oder *Opaleszenz*. Man führe die Prüfung mit Silbernitrat in dem mit Salpetersäure angesäuerten *Leitungswasser*[1]) (warum ist anzusäuern?) und in der mit Salpetersäure angesäuerten *Natriumcarbonatlösung* aus. Zur Kontrolle prüfe man auch die verwendete *Salpetersäure* selbst auf Chlorion.

2. Natriumacetat. $CH_3COONa \cdot 3H_2O$.

$$\begin{array}{c} H \\ H \\ H \end{array} \!\! > \! C \! - \! C \! \overset{\displaystyle O}{\underset{\displaystyle ONa}{\diagup}}$$

Natrium: Na = 22,997; 1. Gruppe des periodischen Systems; Ordnungszahl 11; Wertigkeit +I.

Kohlenstoff: C = 12,010; 4. Gruppe des periodischen Systems; Ordnungszahl 6; Wertigkeit (+II, +III), +IV.

Sauerstoff: O = 16,0000; 6. Gruppe des periodischen Systems; Ordnungszahl 8; Wertigkeit −II.

Wasserstoff: H = 1,008; 1. Gruppe des periodischen Systems; Ordnungszahl 1; Wertigkeit +I.

Vorkommen: Natrium. Nur in Verbindungen, und zwar hauptsächlich als Chlorid (Meerwasser, Mineralwässer, Steinsalzlager) und Natronfeldspat.

Kohlenstoff. Sehr weit verbreitet, aber nur zu 0,08% am Aufbau der Erdrinde beteiligt. Elementar (Graphit, Diamant). Gebunden als Carbonat, als Kohlendioxyd (zu 0,03% in der Luft); in Kohlenwasserstoffen und anderen organischen Verbindungen [Kohle, Bitumen, Erdwachs (Ozokerit), Erdöl, Erdgas].

Sauerstoff. Zu etwa 50% am Aufbau der Erdrinde beteiligt. Elementar in der Atmosphäre (21 Vol.-% O_2). Gebunden (Oxyde).

Wasserstoff. Weiteste Verbreitung, aber trotzdem nur zu 0,87% am Aufbau der Erdrinde beteiligt. Elementar in den oberen Schichten der Atmosphäre, in Vulkangasen. Gebunden in Wasser, in vielen Silicaten und anderen Mineralien, in allen organischen Stoffen. Bildung von freiem Wasserstoff bei biologischen Vorgängen (Buttersäuregärung, Gasbrandinfektion).

Biologische Bedeutung: Kohlenstoff. Kennzeichnender Baustein aller organischen Verbindungen; Kreislauf des Kohlenstoffs in der belebten Natur (Assimilation, Atmung).

---

[1]) Tritt keine Veränderung ein, so dampft man etwa 50 ccm Leitungswasser in einer Porzellanschale auf $^1/_{10}$ seines Volumens ein, säuert mit Salpetersäure an und prüft nochmals mit Silbernitrat.

Zu untersuchen: Natriumacetat ($CH_3COONa \cdot 3\,H_2O$),
Kaliumcarbonat, zur Analyse (K_2CO_3),
Kaliumnatriumcarbonat ($K_2CO_3 + Na_2CO_3$).

1. Etwas Natriumacetat werde im Reagensglas langsam *in der Flamme des Bunsenbrenners erhitzt.* Das Salz schmilzt zuerst im Krystallwasser, erstarrt dann, schmilzt nochmals unter schwacher Dunkelfärbung und zersetzt sich schließlich unter Schwarzfärbung (?). Der Rückstand wird nach dem Erkalten mit verdünnter Salzsäure übergossen (?).

Was versteht man unter *Krystallwasser* und wodurch unterscheidet es sich von *Mutterlaugeeinschlüssen* und *anhaftender Feuchtigkeit*?

2. Man prüfe die *Flammenfärbung* des Natriumacetats am Magnesiastäbchen. Durch ein blaues Glas (*Kobaltglas*) betrachtet, verschwindet die Gelbfärbung der Flamme[1] (?). Zum Vergleich betrachte man auch die Flammenfärbung des Kaliumcarbonats sowie die einer Mischung von Kalium- und Natriumcarbonat („Kaliumnatriumcarbonat") durch das Kobaltglas (?). *Wichtig für die Erkennung des Kaliums neben Natrium.*

Reaktionen des Natriumions. 3. Sämtliche Natriumsalze mit Ausnahme des *sauren Natriumpyroantimonats* $Na_2H_2Sb_2O_7$ und einiger *Natrium-Uranylverbindungen* sind in Wasser löslich. Man versetze etwa 1—2 ccm stark verdünnte Natriumacetatlösung auf einem Uhrglas mit der gleichen Menge einer gesättigten Lösung[2] von saurem Kaliumpyroantimonat $K_2H_2Sb_2O_7$ $\cdot\,4\,H_2O$[3] und überlasse die Mischung etwa $^1/_4$ Stunde sich selbst (?). Hierauf gieße man die Lösung ab und überzeuge sich von der Haftfestigkeit der Krystalle unter einem Wasserstrahl. Die Krystallform der Fällung ist unter dem *Mikroskop* zu betrachten. Man wiederhole den gleichen Versuch mit verdünnter Ammoniumchloridlösung. Es tritt hierbei eine amorphe Fällung von *Antimonsäure* H_3SbO_4 ein, die nicht mit *Natriumpyroantimonat* verwechselt werden darf.

---

[1] Verschwindet die Gelbfärbung nicht vollständig, so verwende man mehrere aufeinandergelegte Kobaltgläser.

[2] Man erhitzt das Salz im Reagensglas mit Wasser einige Sekunden zum Sieden, kühlt unter der Wasserleitung ab und filtriert. Das Filtrat ist meist durch ausgeschiedene Antimonsäure etwas getrübt. Die Trübung ist zu vernachlässigen.

[3] Auf Grund neuerer Anschauungen wird dem Salz auch die Formel $KH_2SbO_4 \cdot 2\,H_2O$ oder $K[Sb(OH)_6]$ und dem Natriumsalz die Formel $NaH_2SbO_4 \cdot 2\,H_2O$ oder $Na[Sb(OH)_6]$ zugeschrieben.

4. Essigsaure Magnesium-Uranylacetatlösung erzeugt einen gelben krystallinen Niederschlag von *Natrium-Magnesium-uranylacetat* $NaMg(UO_2)_3(CH_3COO)_9 \cdot 9\,H_2O$ (?). Man betrachte die Krystallform unter dem *Mikroskop*.

Herstellung der Reagenslösung: 10 g Uranylacetat $UO_2(CH_3COO)_2 \cdot 2\,H_2O$, 30 g Magnesiumacetat $Mg(CH_3COO)_2 \cdot 4\,H_2O$ und 12 ccm Eisessig werden mit Wasser auf 100 ccm aufgefüllt. Die nötigenfalls nach 24 Stunden filtrierte Lösung wird in einer braunen Flasche aus Jenaer Glas aufbewahrt.

Reaktionen des Acetations. **5.** Man übergieße etwas festes Natriumacetat mit verdünnter Schwefelsäure und erwärme. Es tritt ein Geruch nach *Essigsäure* auf (?).

6. Erwärmt man festes Natriumacetat im Reagensglas mit 2 ccm Alkohol (unvergällt) und $^1/_2$ ccm konz. Schwefelsäure, so entsteht ein aromatischer Geruch (?).

7. Beim Verreiben von festem Natriumacetat mit der dreifachen Menge Kaliumbisulfat und einigen Tropfen Wasser in der Reibschale wird *Essigsäure* in Freiheit gesetzt (?).

8. Etwas festes Natriumacetat werde mit wasserfreiem Natriumcarbonat und Arsentrioxyd As_2O_3 verrieben und im Reagensglas trocken erhitzt. Es entsteht ein widerlicher Geruch nach *Kakodyloxyd*[1]) $[(CH_3)_2As]_2O$ (?).

9. Man versetze etwas Natriumacetatlösung mit einigen Tropfen Essigsäure und dann mit Ferrichlorid $FeCl_3$. Die entstehende tiefrote Färbung (?) verschwindet auf Zusatz von verdünnter Salzsäure (?). Verdünnt man die gefärbte Lösung mit viel Wasser und erhitzt zum Sieden, so entsteht ein braunroter Niederschlag (?); schwer löslich in verdünnter Essigsäure, leicht löslich in Mineralsäuren (?).

10. Man prüfe die Reaktion der wäßrigen Lösung von Natriumacetat gegen Lackmuspapier.

Elektrolytische Dissoziation.

(Zweiter Teil.)

Anwendung des Massenwirkungsgesetzes.

Salze, Säuren und Basen sind, wie in Teil 1 (S. 14) beschrieben, in wäßriger Lösung entweder ganz oder zum Teil in ihre Ionen zerfallen. Sie werden je nach dem Grad der Dissoziation unterschieden, und zwar nennt man diejenigen Stoffe, bei denen der Zerfall vollkommen

---

[1]) Vorsicht! Kakodyloxyd ist sehr giftig!

ist, starke Elektrolyte, während diejenigen, die nur zum Teil dissoziieren, als mittelstarke oder schwache Elektrolyte bezeichnet werden. Bei den Salzen ist die Dissoziation mit wenigen Ausnahmen (*Mercurihalogenide, z. B. Mercurichlorid* $HgCl_2$, *Mercuricyanid* $Hg(CN)_2$; *Cadmiumjodid* CdJ_2) *stets vollständig; sie sind starke Elektrolyte. Dagegen sind von Säuren und Basen sowohl solche bekannt, die vollständig in Ionen zerfallen sind (starke Elektrolyte), als auch solche, die nur zu einem mehr oder weniger großen Anteil dissoziieren (mittelstarke und schwache Elektrolyte).*

Die Stärke der Dissoziation wird ausgedrückt durch den Dissoziationsgrad α, *d. i. derjenige Bruchteil des gelösten Stoffes, der in Ionen zerfallen ist.*

$$\alpha = \frac{\text{Anzahl der dissoziierten Molekeln}}{\text{Anzahl der dissoziierten Molekeln} + \text{Anzahl der undissoziierten Molekeln}} \cdot \quad (1)$$

Für vollkommen dissoziierte Elektrolyte ist demnach der Dissoziationsgrad $\alpha = \dfrac{1}{1+0} = 1$, *während er für die teilweise dissoziierten Stoffe immer einen echten Bruch darstellt.*

Die experimentelle Bestimmung des Dissoziationsgrades erfolgt durch die Messung der elektrischen Leitfähigkeit oder des osmotischen Druckes, der sich indirekt aus der Gefrierpunktserniedrigung oder der Siedepunktserhöhung der Lösung ermitteln läßt.

Mittelstarke und schwache Elektrolyte.

Bei den mittelstarken und schwachen Elektrolyten führt die Dissoziation zu einem Gleichgewicht zwischen den abgespaltenen Ionen und den undissoziierten Molekeln. Für Essigsäure läßt sich dieser Vorgang durch folgende Gleichung formulieren:

$$CH_3COOH \rightleftharpoons CH_3COO' + H^{\cdot}. \qquad (2)$$

Durch die nach beiden Seiten gerichteten Pfeile wird angedeutet, daß es sich um eine Gleichgewichtsreaktion handelt, die umkehrbar ist und sowohl von links nach rechts unter Zerfall von CH_3COOH-*Molekeln in* $H^{\cdot}$-*Ionen und* CH_3COO'-*Ionen als auch von rechts nach links unter Bildung von undissoziierter Essigsäure aus ihren Ionen verlaufen kann. Die Lage des Gleichgewichts ist nach dem Massenwirkungsgesetz* (GULDBERG *und* WAAGE *1887) von der Konzentration der an der Reaktion beteiligten Stoffe abhängig. Für die elektrolytische Dissoziation gilt dabei die Gesetzmäßigkeit: Bei konstanter Temperatur ist das Produkt der Konzentrationen der gebildeten Ionen geteilt durch die Konzentration des undissoziierten Anteils eine konstante Größe. Für Essigsäure ergibt sich also die Beziehung*[1]:

$$\frac{[CH_3COO'] \cdot [H^{\cdot}]}{[CH_3COOH]} = K. \tag{3}$$

K bezeichnet man als Dissoziationskonstante. Sie ist von der Verdünnung unabhängig und stellt ein Maß für die Stärke der Elektrolyte dar.

Ist die Dissoziationskonstante einer Säure oder Base bekannt, so kann man ihren Dissoziationsgrad bei verschiedenen Konzentrationen auf Grund der Gleichung (3) berechnen.

Für Essigsäure beträgt die Dissoziationskonstante $K = 1{,}8 \cdot 10^{-5}$. Wird die Konzentration der Gesamtessigsäure (dissoziiert und undissoziiert) mit C bezeichnet (ausgedrückt in mol/l), so folgt aus Gleichung (1) für die Konzentration der einzelnen Ionen

$$[CH_3COO'] = [H^{\cdot}] = \alpha \cdot C, \tag{4}$$

denn nach Gleichung (2) entstehen beim Zerfall der Essigsäure stets gleichviele CH_3COO'- und $H^{\cdot}$-Ionen. Der Wert für die Konzentration der undissoziierten Essigsäure $[CH_3COOH]$ ergibt sich aus der Differenz der Gesamtkonzentration C und dem dissoziierten Anteil der Essigsäure $\alpha \cdot C$. Er beträgt also $C - \alpha \cdot C$ oder $(1 - \alpha) \cdot C$. Setzt man diese Größen in Gleichung (3) ein, so erhält man

$$\frac{(\alpha \cdot C)^2}{(1 - \alpha) \cdot C} = \frac{\alpha^2 \cdot C}{1 - \alpha} = K. \tag{5}$$

Da bei den schwachen Elektrolyten α gegenüber 1 verschwindend klein ist, darf man, ohne einen merklichen Fehler zu begehen, $(1 - \alpha)$ gleich 1 setzen und erhält dann für den Dissoziationsgrad α bei der Konzentration C die einfache Beziehung

$$\alpha = \sqrt{\frac{K}{C}}. \tag{6}$$

Für eine 20%ige Essigsäure $(= 3{,}3$ Mol CH_3COOH pro Liter) beträgt demnach der Dissoziationsgrad:

$$\alpha = \sqrt{\frac{1{,}8 \cdot 10^{-5}}{3{,}3}} = 0{,}0023.$$

Es sind also nur 0,23% der in der Lösung vorhandenen Essigsäuremolekeln in Ionen zerfallen.

Der Dissoziationsgrad aller anderen schwachen Säuren und Basen kann in analoger Weise berechnet werden.

Aus der Gleichung (3) ersieht man auch den Einfluß, den der Zusatz von gleichnamigen Ionen auf die Dissoziation eines schwachen Elektrolyten ausübt. Setzt man zu einer verdünnten Essigsäurelösung Natriumacetat hinzu, das als Salz vollkommen in $Na^{\cdot}$-Ionen und CH_3COO'-Ionen gespalten ist, so wird infolge der Erhöhung der CH_3COO'-Konzentration das Dissoziationsgleichgewicht gestört, da dann der Quo-

---

[1] Die *eckigen Klammern* bedeuten, daß es sich um **molare Konzentrationen** (vgl. S. 15, Anm. 1) der betreffenden Stoffe handelt.

tient $\dfrac{[CH_3COO'] \cdot [H\dot{}]}{[CH_3COOH]}$ *von K verschieden ist. Zur Wiederherstellung des Gleichgewichtszustandes muß deshalb die Konzentration an $H\dot{}$-Ionen kleiner una diejenige der undissoziierten Essigsäuremolekeln größer werden. Die Zugabe des gleichnamigen Ions CH_3COO' bewirkt also, daß eine Umsetzung nach Gleichung (2) von rechts nach links stattfindet, daß sich also $H\dot{}$-Ionen mit CH_3COO'-Ionen zu undissoziierten Essigsäuremolekeln vereinigen. Diese Verringerung der Dissoziation bedingt, daß die Acidität der Lösung abnimmt. Allgemein ergibt sich daraus: Bei Zusatz gleichnamiger Ionen wird die Dissoziation eines schwachen Elektrolyten zurückgedrängt.*

In der analytischen Chemie findet die Zurückdrängung der Dissoziation durch ein gleichnamiges Ion Anwendung bei der „Abstumpfung" der Acidität bzw. Alkalität von Säuren und Basen. Gibt man z. B. zu verdünnter Salzsäure Natriumacetat, so bildet sich zunächst entsprechend der Gleichung

$$HCl + CH_3COONa \rightarrow NaCl + CH_3COOH \qquad (7)$$

freie Essigsäure. Bei weiterem Zusatz wirkt das CH_3COO'-Ion des Natriumacetats gemäß den obigen Ausführungen auf die Dissoziation der freigemachten Essigsäure noch zurückdrängend, so daß die Acidität (Wasserstoffion-Konzentration) der Lösung weitgehend vermindert ist.

Starke Elektrolyte.

Die starken Elektrolyte sind in verdünnter Lösung vollkommen dissoziiert. Zwar zeigen experimentelle Bestimmungen des osmotischen Druckes und der elektrischen Leitfähigkeit scheinbar eine unvollkommene Dissoziation an, da der aus diesen Messungen errechnete Dissoziationsgrad kleiner als 1 ist, doch folgt dieser „scheinbare Dissoziationsgrad" bei Konzentrationsänderungen nicht dem Massenwirkungsgesetz und kann daher nicht auf einem wahren chemischen Gleichgewicht zwischen Ionen und Molekeln beruhen. Die auftretenden Anomalien sind nach der elektrostatischen Theorie von DEBYE und HÜCKEL vielmehr auf eine von der Konzentration abhängige, gegenseitige elektrostatische Anziehung der Ionen zurückzuführen und bestehen in einer teilweisen Hemmung der Ionenbeweglichkeit (Ionenaktivität), die nicht zu einem chemischen, sondern zu einem elektrostatischen Gleichgewicht zwischen vollaktiven und gehemmten Ionen führt. Bei den Lösungen starker Elektrolyte tritt daher an Stelle des Dissoziationsgrades α der Aktivitätskoeffizient f_a. Er gibt an, welcher Bruchteil der Ionen in der Lösung voll aktiv ist und kann aus physikalisch-chemischen Daten für jede Ionenart berechnet werden.

Dissoziation des Wassers.

Reines Wasser vermag den elektrischen Strom in geringem Maße zu leiten und muß daher zum Teil in Ionen zerfallen sein. Seine Dissoziation ist aber sehr gering. Die Konzentration der H - und OH'-Ionen in 1 Liter Wasser beträgt bei 25° C nur je 10^{-7} Gramm-Ion entsprechend 1 g H˙-Ionen und 17 g OH'-Ionen in 10 000 000 Liter Wasser. Wasser ist also ein sehr schwacher Elektrolyt, und der Dissoziationsvorgang

$$H_2O \rightleftharpoons H^{\cdot} + OH' \tag{8}$$

wird durch das Massenwirkungsgesetz beherrscht, wie folgende Beziehung zeigt:

$$\frac{[H^{\cdot}] \cdot [OH']}{[H_2O]} = K_{H_2O}. \tag{9}$$

In dieser Gleichung ist die Konzentration an undissoziiertem Wasser $[H_2O]$ im Verhältnis zum dissoziierten Anteil so groß, daß sie praktisch als konstant angesehen werden kann. Es vereinfacht sich daher die Gleichung wie folgt:

$$[H^{\cdot}] \cdot [OH'] = [H_2O] \cdot K_{H_2O} = P_{H_2O}. \tag{10}$$

P_{H_2O} bezeichnet das Ionenprodukt des Wassers. Bei 25° C ist $P_{H_2O} = 10^{-14}\ (g\text{-}ion/l)^2$. Es nimmt mit steigender Temperatur stark zu und beträgt bei 100° C 10^{-12}, so daß das Wasser bei 100° C etwa zehnmal so stark dissoziiert ist als bei 25° C.

In reinem Wasser und in neutralen Lösungen ist die Konzentration der H˙-Ionen und OH'-Ionen gleich groß, während in sauren Lösungen diejenige der H˙-Ionen und in alkalischen Lösungen diejenige der OH'-Ionen überwiegt.

Das Ionenprodukt des Wassers ermöglicht es, für eine Lösung von bekannter Wasserstoffion-Konzentration die dazugehörige Hydroxylion-Konzentration zu berechnen.

Neutralisation.

Läßt man eine Säure mit einer Base (z. B. HCl mit NaOH) reagieren, so verschwindet die saure bzw. alkalische Reaktion, indem sich ein neutral reagierendes Salz (z. B. NaCl) und Wasser bildet. Diesen Vorgang nennt man Neutralisation. Er stellt eine Ionenreaktion dar, die dadurch verursacht ist, daß sich die H˙-Ionen der Säure mit den OH'-Ionen der Base zu undissoziiertem Wasser verbinden, wie folgende Gleichung zeigt:

$$Na^{\cdot} + OH' + H^{\cdot} + Cl' \rightleftharpoons Na^{\cdot} + Cl' + H_2O. \tag{11}$$

Da hierbei nur die $H^{\cdot}$- und OH'-Ionen in Reaktion treten, kann der Neutralisationsvorgang auch durch folgende Gleichung dargestellt werden:

$$H^{\cdot} + OH' \rightleftharpoons H_2O\,. \qquad (12)$$

Die $Na^{\cdot}$- und Cl'-Ionen werden durch die Neutralisation nicht beeinflußt. Erst beim Eindampfen der Lösung treten sie in der Anordnung eines Krystallgitters zu festen Krystallen zusammen.

Hydrolyse.

Während alle Salze, die sich von starken Basen und zugleich von starken Säuren ableiten, neutral reagieren, besitzen die Salze der starken Basen mit schwachen Säuren eine alkalische und diejenigen der schwachen Basen mit starken Säuren eine saure Reaktion. Dieses Verhalten wird durch die Hydrolyse verursacht. Es kommt dadurch zustande, daß die Ionen des Wassers ein Salz in freie Säure und freie Base aufzuspalten vermögen, indem sie mit den Ionen der Salze undissoziierte Säure- oder Basenmolekeln bilden. Bei Salzen, die sich zugleich von starken Säuren und starken Basen ableiten, unterbleibt eine Hydrolyse, da durch die Ionen des Wassers keine schwach dissoziierten Säuren oder Basen entstehen können.

Die Hydrolyse stellt einen Vorgang dar, der der Neutralisation entgegengesetzt verläuft.

Bei den Salzen schwacher Säuren mit starken Basen, z. B. Natriumacetat, erfolgt die Hydrolyse nach folgendem Schema:

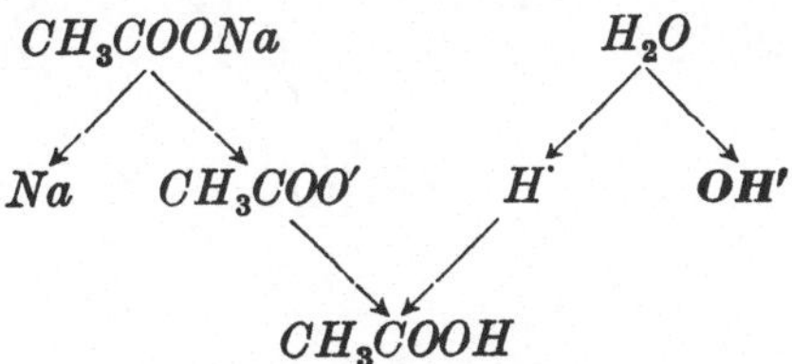

In wäßriger Lösung ist das Natriumacetat, wie alle Salze, vollkommen in $Na^{\cdot}$-Ionen und CH_3COO'-Ionen zerfallen. Da nun auch das Wasser zu einem geringen Grade in $H^{\cdot}$- und OH'-Ionen gespalten ist, treffen in der Lösung $H^{\cdot}$-Ionen und CH_3COO'-Ionen zusammen. Diese beiden Ionenarten verbinden sich miteinander in dem Maße, bis das durch das Massenwirkungsgesetz beherrschte Gleichgewicht [vgl. Gleichung (3)] zwischen CH_3COO'-Ionen, $H^{\cdot}$-Ionen und undissoziierten CH_3COOH-Molekeln erreicht ist. Hierbei verbleibt ein Überschuß an OH'-Ionen, der die alkalische Reaktion der Natriumacetatlösung verursacht.

Bei den Salzen, die sich von schwachen Basen und starken Säuren ableiten, verläuft die Hydrolyse in analoger Weise. Fü. das Beispiel des Aluminiumchlorids gilt folgendes Schema:

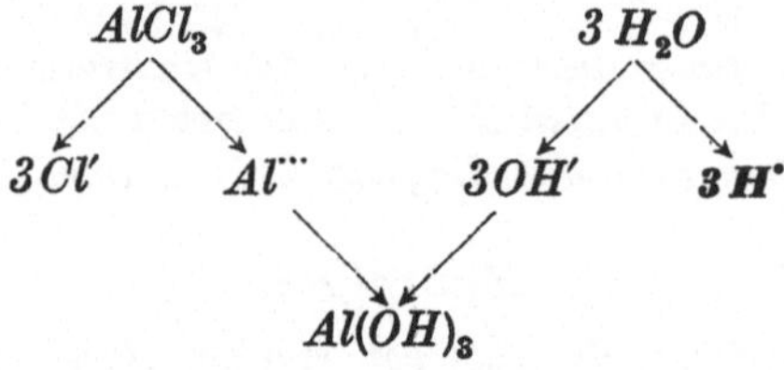

Die Ursache der Hydrolyse ist hier der Zusammentritt von $Al^{\cdots}$-Ionen und OH'-Ionen zu undissoziiertem Aluminiumhydroxyd $Al(OH)_3$. Es entsteht hierbei ein Überschuß an $H^{\cdot}$-Ionen, wodurch die Lösung des Aluminiumchlorids sauer reagiert.

Auch bei den Salzen, die sich zugleich von schwachen Basen und schwachen Säuren ableiten, findet Hydrolyse statt. Ist hierbei die Säure und Base etwa gleich stark, wie beim Ammoniumacetat, so kann die Lösung trotz starker Hydrolyse neutral reagieren, da sich sowohl die Anionen mit den $H^{\cdot}$-Ionen des Wassers zu undissoziierter Säure, als auch die Kationen mit den OH'-Ionen des Wassers zu undissoziierter Base verbinden. Für Ammoniumacetat gilt das Schema:

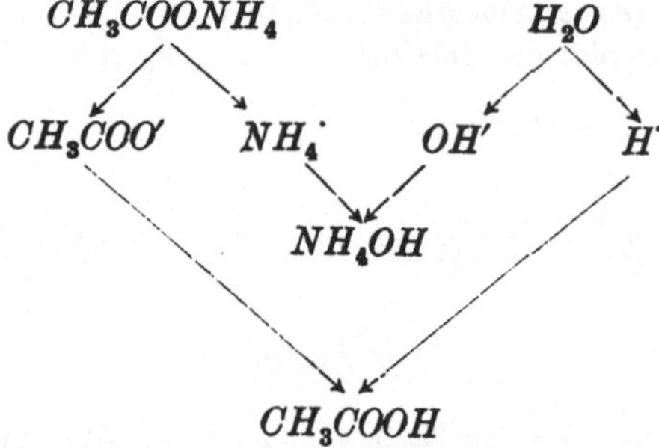

Hier tritt kein Überschuß an $H^{\cdot}$-Ionen oder OH'-Ionen auf und die Lösung reagiert neutral.

Die Hydrolyse ist um so stärker, je schwächer die an der Zusammensetzung des Salzes beteiligten Säuren und Basen sind. Sie nimmt mit steigender Temperatur in dem gleichen Maße zu wie die Dissoziation des Wassers.

3. Kaliumsulfat. K_2SO_4.

Schwefel: S = 32,06; 6. Gruppe des periodischen Systems; Ordnungszahl 16; Wertigkeit —II, +IV, +VI.

Vorkommen: Schwefel. Elementar (Sizilien, USA.). Gebunden als Sulfid (Pyrit, Markasit FeS_2; Kiese, Glanze, Blenden), als Sulfat (Gips $CaSO_4 \cdot 2\,H_2O$, Anhydrit $CaSO_4$, Schwerspat $BaSO_4$). Natriumsulfat Na_2SO_4 und Magnesiumsulfat $MgSO_4$ in vielen *Mineralquellen.*

Biologische Bedeutung: Schwefel. Bestandteil von Eiweißstoffen, Fermenten (Co-Carboxylase) und Vitaminen (Vitamin B_1).

Verwendung: Pharmazeutisch. Sulfate. Natriumsulfat, Natrium sulfuricum (Glaubersalz) $Na_2SO_4 \cdot 10\,H_2O$; Magnesiumsulfat, Magnesium sulfuricum (Bittersalz) $MgSO_4 \cdot 7\,H_2O$; beide als Abführmittel.

Zu untersuchen: Kaliumsulfat (K_2SO_4),
    Schwefelsäure, verdünnt und konzentriert (H_2SO_4).

1. Das Salz verhält sich beim *Erhitzen im Reagensglas* ähnlich wie Kaliumchlorid. Die *Flammenfärbung* weist auf Kalium hin. Man krystallisiere das Salz aus kochendem Wasser um. Die erhaltenen Krystalle sind rhombisch (*Einteilung des Krystallsystems?*). Reaktion der Lösung? In der Lösung lassen sich Kaliumionen durch die bekannten Reaktionen (?) nachweisen.

2. Man versetze festes Kaliumsulfat mit wenig konz. Schwefelsäure und erwärme bis zur vollständigen Auflösung. Beim Erkalten krystallisiert nicht mehr Kaliumsulfat, sondern *Kaliumbisulfat* aus (?).

3. Die *Schwefelsäure* ist eine *zweibasische Säure* (?). Was versteht man unter normalen („neutralen"), was unter sauren, was unter basischen Salzen? Wie wird Schwefelsäure technisch gewonnen? Eigenschaften der Säure und ihres Anhydrids? Die konzentrierte Säure des Handels ist etwa 96%ig; spezifisches Gewicht = 1,84. Verhalten gegen Wasser? Beim Verdünnen von konzentrierter Säure mit Wasser gießt man die Säure in das Wasser und verfährt nie umgekehrt (?). Welche Ionen enthält die Lösung? Die Schwefelsäure ist (wie die Salzsäure) eine sehr starke Säure (?). Sie siedet bei 338° C.

4. Man lasse unter Erwärmen verdünnte und konzentrierte Schwefelsäure auf metallisches Zink und Kupfer einwirken (?).

Reaktionen des Sulfations. 5. Die Sulfate sind meist in Wasser löslich; *schwer löslich* sind diejenigen der Erdalkalien und des Bleis. Man stelle aus Bariumchlorid, Calciumchlorid und Bleiacetat durch Zugabe von *Kaliumsulfat* die betreffenden Sulfate her; Aussehen und Zusammensetzung?

6. Zum *Nachweis* wird das Sulfation gewöhnlich mit Bariumchlorid aus siedend heißer (?), schwach salzsaurer (?) Lösung ausgefällt. *Bariumchlorid in saurer Lösung ist das Reagens auf Sulfation.* Konz. Salzsäure erzeugt in Bariumsalzlösungen gleichfalls einen weißen Niederschlag (?), der sich aber auf Zusatz von Wasser wieder auflöst.

Löslichkeitsprodukt.

Versetzt man ein Salz mit einer zur völligen Auflösung nicht ausreichenden Menge Wasser, so löst sich nur ein Teil des Salzes auf, der Rest bleibt ungelöst am Boden liegen („Bodenkörper"). Die überstehende Lösung ist an dem betreffenden Salz gesättigt. In einem solchen System besteht ein Gleichgewichtszustand zwischen den Ionen im Krystallgitter des Bodenkörpers und den Ionen in der überstehenden Lösung. Schüttelt man z. B. festes Bariumchlorid mit Wasser, so treten nach der Gleichung

$$BaCl_2 \ (fest) \rightleftharpoons Ba^{\cdot\cdot} + 2\,Cl'$$

solange Ba"-Ionen und Cl'-Ionen aus dem Krystallgitter in die Lösung über, bis das Gleichgewicht erreicht und die Lösung gesättigt ist. Die Lage des bei der Auflösung sich einstellenden Gleichgewichts ist durch das Löslichkeitsprodukt Lp bestimmt. Es ist gleich dem Produkt der Konzentrationen der Ionen in der gesättigten Lösung und besitzt für einen bestimmten Stoff und bei bestimmter Temperatur stets einen gleichbleibenden Wert.

Für eine gesättigte Bariumchloridlösung ergibt sich also die Beziehung:

$$Lp = [Ba^{\cdot\cdot}] \cdot [Cl']^2 = konstant\,[1]).$$

Gibt man zu der gesättigten Bariumchloridlösung konz. Salzsäure, so wird festes Bariumchlorid abgeschieden. Dies ist darauf zurückzu-

---

[1]) Die Verwendung des Quadrates der Cl'-Ionenkonzentration in der Gleichung rührt daher, daß Bariumchlorid in je 1 Ba"-Ion und 2 Cl'-Ionen dissoziiert. Da die beiden Cl'-Ionen in der Lösung als selbständige Teilchen auftreten, muß auch die Konzentration jedes der beiden Cl'-Ionen in dem Löslichkeitsprodukt berücksichtigt werden. Es ergibt sich also:

$$Lp = [Ba^{\cdot\cdot}] \cdot [Cl'] \cdot [Cl'] = [Ba^{\cdot\cdot}] \cdot [Cl']^2.$$

Allgemein gilt für einen Elektrolyten $A_m B_n$, der in m A-Ionen und n B-Ionen dissoziiert, die Beziehung:

$$Lp = [A]^m \cdot [B]^n.$$

führen, daß die Salzsäure das gleichnamige Cl'-Ion enthält; es wird also durch den Säurezusatz die Konzentration der Chlorionen erhöht und das Löslichkeitsprodukt folglich überschritten. Zur Wiederherstellung des Gleichgewichtszustandes muß daher die Konzentration an $Ba^{..}$-Ionen um einen entsprechenden Wert abnehmen, bis der konstante Wert für Lp wieder erreicht ist. Dies erfolgt in der Weise, daß $Ba^{..}$-Ionen als Bariumchlorid unlöslich abgeschieden werden. E ergibt sich also, daß durch Zusatz gleichnamiger Ionen die Löslichkeit eines Elektrolyten vermindert wird.

Bei Zusatz von Wasser löst sich das ausgefallene Bariumchlorid wieder auf, da die Konzentration an $Ba^{..}$-Ionen und Cl'-Ionen abnimmt und das Löslichkeitsprodukt somit unterschritten wird.

In ähnlicher Weise wirkt sich ein Überschuß an $Ba^{..}$-Ionen bei der Ausfällung von SO_4''-Ionen durch Bariumchlorid aus:

$$SO_4'' + Ba^{..} \rightarrow BaSO_4 \, .$$

Fügt man zu der SO_4''-Ionen enthaltenden Lösung eine dem Sulfatgehalt genau äquivalente Menge Bariumchlorid hinzu, so fällt unlösliches Bariumsulfat aus. Da das Löslichkeitsprodukt des Bariumsulfats

$$Lp = [Ba^{..}] \cdot [SO_4''] = 1{,}2 \cdot 10^{-10} (g\text{-}ion/l)^2$$

sehr klein ist, verbleiben nur sehr wenig Sulfationen in Lösung. Dieser noch gelöste Rest kann aber durch überschüssiges Bariumchlorid, also durch Zusatz von gleichnamigen $Ba^{..}$-Ionen, noch weiter vermindert werden, so daß die Fällung praktisch vollständig wird. Hieraus ergibt sich die analytisch wichtige Vorschrift, daß bei Fällungsreaktionen das Fällungsmittel stets im Überschuß anzuwenden ist, damit die Ausfällung quantitativ verläuft.

Allgemein folgt: Wird das Löslichkeitsprodukt überschritten, so ist die Lösung übersättigt und es bildet sich ein Niederschlag. Wird es unterschritten, so ist die Lösung ungesättigt und es findet eine Auflösung des Bodenkörpers statt.

Reduktion des Sulfations. 7. Etwas fein gepulvertes Kaliumsulfat wird auf Kohle mit dem *Lötrohr* erhitzt[1]); es schmilzt und wird reduziert (?). Die gelb bis bräunlich gefärbte Schmelze (sog. *Hepar*) reagiert gegen Lackmuspapier alkalisch (?), entwickelt auf Zusatz von verdünnter Schwefelsäure *Schwefelwasserstoff* (?) und gibt in wäßriger Lösung mit Nitroprussidnatrium $[Fe(CN)_5NO]Na_2 \cdot 2\,H_2O$ eine violette Färbung. *Reaktion auf lösliche Sulfide.*

---

[1]) Zur Aufnahme der Substanz ist die Kohle mit einem Messer auszuhöhlen. Man verwende zu dieser Reaktion die reduzierende (luftarme) Flamme des Lötrohrs.

8. Ein Körnchen der Heparschmelze erzeugt auf einer blanken Silbermünze[1]) beim Befeuchten mit 1 Tropfen Wasser nach kurzer Zeit einen braunen oder schwarzen Fleck (?). — *Durch die Reduktionsschmelze läßt sich Schwefel in sämtlichen Bindungsformen nachweisen.*

9. Man bringe etwas frisch gefälltes *Bariumsulfat* an ein Magnesiastäbchen (langsam antrocknen lassen) und lege dasselbe 2 Minuten in den oberen Teil der *leuchtenden Flamme* des Bunsenbrenners. Es findet ebenfalls *Reduktion* statt (?). Man prüfe dann, wie oben angegeben, mit der Silbermünze auf Anwesenheit von Sulfid (?).

4. Natriumcarbonat. $Na_2CO_3 \cdot 10\,H_2O$.

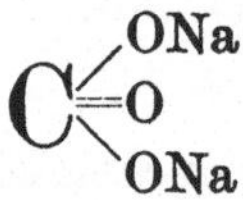

Zu untersuchen: Natriumcarbonat, krystallisiert $(Na_2CO_3 \cdot 10\,H_2O)$,
Zigarettenasche.

1. Wasserhelle, durchsichtige Krystalle („*Krystallsoda*“), welche an der Luft durch *Verwitterung* (?) „blind“ werden und allmählich zu einem lockeren Pulver zerfallen. Reaktion der wäßrigen Lösung (?). In der Lösung lassen sich nach der Neutralisation mit einer Säure Natriumionen durch die bekannten Reaktionen (?) nachweisen.

2. Beim gelinden *Erwärmen* schmilzt das Salz in seinem Krystallwasser, welches bei stärkerem Erhitzen allmählich entweicht [Reagensglas waagerecht halten (?)]. Das hinterbleibende, wasserfreie Natriumcarbonat („*calcinierte Soda*“) schmilzt erst bei höherer Temperatur.

Reaktionen des Carbonations. 3. Mit verdünnter Schwefelsäure braust Natriumcarbonat auf (?). Eigenschaften des Gases sowie seiner wäßrigen Lösung? Kohlendioxyd erzeugt beim Einleiten in Barytwasser einen weißen, in Säuren löslichen Niederschlag (?). Zur Ausführung der Reaktion übergieße man im Reagensglas festes Natriumcarbonat mit verdünnter Schwefelsäure und leite das entweichende Gas durch ein zweimal gebogenes Glasrohr in ein zweites Reagensglas mit Barytwasser.

4. Von den Carbonaten sind im wesentlichen nur die der Alkalien in Wasser löslich. Alkalicarbonate geben daher mit fast allen Metallsalzen Niederschläge; auszuführen mit Bariumchlorid, Calciumchlorid, Silbernitrat (?).

---

[1]) Durch Reiben mit Seesand zu reinigen.

5. Die in Wasser nicht löslichen Carbonate lösen sich in Säuren, manche selbst in Kohlensäure. Man erhitze 100 ccm *Leitungswasser* zum Sieden; es tritt Trübung ein (?). Hierauf läßt man erkalten und leitet aus einem Kippapparat (?) etwa $^1/_4$ Stunde lang K o h l e n d i o x y d ein, wodurch der Niederschlag wieder in Lösung geht (?).

Bei zu geringem Calciumgehalt des Leitungswassers tritt beim Erhitzen keine Trübung ein. In diesem Fall leite man Kohlendioxyd in K a l k - w a s s e r (?) ein. Es entsteht zuerst eine Fällung (?), die sich beim weiteren Einleiten wieder auflöst (?). Die klare Lösung wird sodann zum Sieden erhitzt, wobei erneut Trübung auftritt (?).

6. Was ist *Härte des Wassers*, bleibende (= permanente) Härte, vorübergehende (= temporäre) Härte? Was sind Härtegrade? Beschreibe einige Enthärtungsverfahren!

7. Bei der *Veraschung alkalihaltiger organischer Stoffe* entstehen Alkalicarbonate. Man gebe etwas Zigarettenasche in ein Reagensglas und weise darin, wie oben angegeben, Carbonation durch Einleiten des Kohlendioxyds in B a r y t w a s s e r nach.

Löslichkeit schwer löslicher Salze schwacher Säuren in starken Säuren.

Calciumcarbonat löst sich in Salzsäure unter Kohlendioxydentwicklung auf. Dieser Vorgang rührt daher, daß das Calciumcarbonat, trotz seiner Schwerlöslichkeit in Berührung mit Wasser in geringer Anzahl $Ca^{..}$- und $CO_3{''}$-Ionen an das Wasser abgibt, deren Menge durch das Löslichkeitsprodukt des Calciumcarbonats bestimmt ist:

$$Lp = [Ca^{..}] \cdot [CO_3].$$

Bei Zugabe von Salzsäure treten, entsprechend dem folgenden Schema, $H^{.}$-Ionen der Salzsäure mit den $CO_3{''}$-Ionen des Calciumcarbonats zu undissoziierter Kohlensäure H_2CO_3 zusammen, die schließlich in CO_2 und H_2O zerfällt.

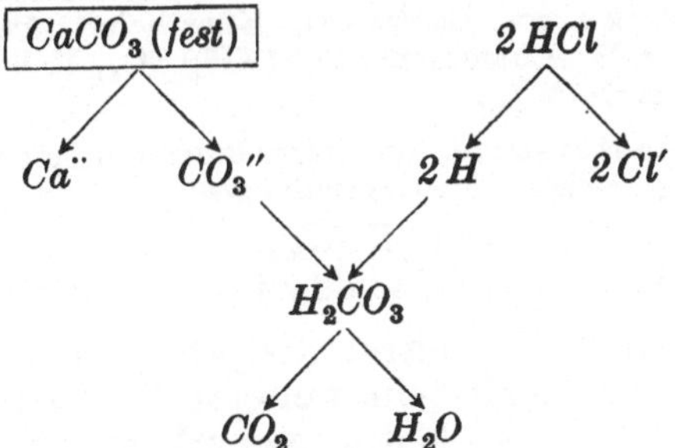

Der Grund dafür ist der, daß freie $H^{\cdot}$-Ionen und CO_3''-Ionen nebeneinander nur in sehr geringer Menge (entsprechend dem Dissoziationsgleichgewicht der Kohlensäure) vorliegen können und sich unter Bildung nichtdissoziierter Bestandteile (HCO_3'-Ionen und H_2CO_3-Molekeln) vereinigen müssen. Da hierdurch die Lösung an CO_3''-Ionen verarmt, wird das Löslichkeitsprodukt des Calciumcarbonats unterschritten und es muß ein entsprechender Anteil des Bodenkörpers in Lösung gehen. Ist die zugesetzte Säuremenge groß genug, so vermag sie die CO_3''-Ionenkonzentration so gering zu halten, daß das Löslichkeitsprodukt auch bei fortschreitender Auflösung des Bodenkörpers nicht wieder erreicht wird. Das Calciumcarbonat löst sich dann vollständig auf.

In gleicher Weise ist auch die Auflösung anderer schwer löslicher Salze schwacher Säuren durch starke Säuren zu erklären.

Einige Salze schwacher Säuren sind aber selbst in den stärksten Säuren unlöslich, weil ihr Löslichkeitsprodukt so gering ist, daß die Konzentration der in Lösung gehenden Ionen nicht zur Bildung von undissoziierten Säuremolekeln ausreicht. Beispielsweise löst sich Silbercyanid AgCN nicht in Salpetersäure auf, weil die Konzentration der in Lösung befindlichen CN'-Ionen nicht genügt, um mit den H-Ionen der Salpetersäure undissoziierte Blausäure $HC\overset{\cdot}{N}$ zu bilden.

5. Kaliumnitrat. KNO_3.

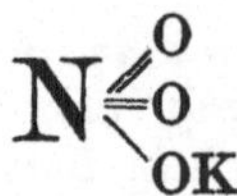

Stickstoff: N = 14,008; 5. Gruppe des periodischen Systems; Ordnungszahl 7; Wertigkeit $-$III, ($+$I, $+$II), $+$III, ($+$IV), $+$V.

Vorkommen: Stickstoff. Zu nur 0,03% am Aufbau der Erdrinde beteiligt. Elementar in der Atmosphäre (79 Vol.-% N_2). Gebunden als Nitrat (Chilesalpeter $NaNO_3$).

Biologische Bedeutung: Stickstoff. Wesentlicher Bestandteil der Eiweißstoffe; Kreislauf des Stickstoffs in der belebten Natur (Fäulnis, Stickstoffassimilation von Bakterien). Künstliche Düngemittel [Ammoniumsalze, z. B. Ammoniumsulfat $(NH_4)_2SO_4$, Kalkstickstoff $CaCN_2$, Chilesalpeter $NaNO_3$].

Verwendung: Salpetersäure. Zur Herstellung von Sprengstoffen, Schießpulver, organischen Nitroverbindungen.

Zu untersuchen: Kaliumnitrat (KNO_3),
                 Salpetersäure, verdünnt und konzentriert (HNO_3).

1. *Erhitzt* man Kaliumnitrat (Salpeter) im Reagensglas, so schmilzt es und entwickelt beim weiteren Erhitzen ein farb- und geruchloses Gas (?), dessen Natur man erkennt, wenn man einen glimmenden Holzspan einführt (?). Der erhaltene Rückstand wird nach dem Erkalten in wenig Wasser gelöst; Verhalten der Lösung gegen Lackmuspapier (?), gegen Säuren?

2. Man erhitze etwas Salpeter im Reagensglas zum Schmelzen und werfe, ohne die Wärmezufuhr zu unterbrechen, ein kleines Stückchen Schwefel, Holz oder Papier ein (?). Anwendung des Salpeters zur Bereitung des Schießpulvers (sog. *Schwarzpulver*)?

3. Kaliumnitrat ist in heißem Wasser viel leichter löslich als in kaltem. Reaktion der Lösung? Die Lösung gibt die für Kaliumion charakteristischen Reaktionen.

4. Mit konz. Schwefelsäure übergossen, braust Kaliumnitrat nicht auf. Beim Erwärmen entwickeln sich farblose oder schwach gelb (?) gefärbte Dämpfe, welche stechend riechen, Lackmus röten, mit Ammoniak einen dicken weißen Rauch erzeugen (?), aber Silbernitrat, welches an einem Glasstab in das Reagensglas gehalten wird, nicht trüben (Unterschied von ?).

5. *Salpetersäure* ist eine sehr starke, einbasische Säure, die im reinen Zustand (100 %ig) bei 86° C siedet. Die 68 %ige Säure („konzentrierte" Säure des Handels) siedet bei 120,5° C; alle Mischungen von anderer Konzentration haben niedrigeren Siedepunkt.

Ähnlich verhalten sich Chlor-, Brom- und Jodwasserstoffsäure. Auch sie bilden mit Wasser konstant siedende, sog. azeotrope Gemische. Welche Konzentrationsänderungen erfolgen beim Eindampfen von 15 %iger Salzsäure (?), 37 %iger Salzsäure (?) und 15 %iger Salpetersäure? Welche Siedepunkte besitzen die schließlich erhaltenen Lösungen?

6. Man prüfe das Verhalten der konzentrierten und verdünnten Salpetersäure gegen Metalle (Kupfer, Zink) (?). Betupft man die Haut mit konz. Salpetersäure, so färbt sie sich gelb (*Xanthoproteinreaktion*).

Reduktion des Nitrations. **7.** Man erwärme etwas metallisches Kupfer mit verdünnter Salpetersäure. Es entweicht ein — je nach den Versuchsbedingungen — braunes oder farbloses Gas (?); man leite es in eine mit verdünnter Schwefelsäure angesäuerte Lösung von Ferrosulfat $FeSO_4$ ein, welche dadurch schwarzbraun gefärbt wird (?)

8. Der gleiche Versuch ist in derselben Anordnung nochmals zu wiederholen, wobei man zur Reduktion der Salpetersäure an Stelle des Kupfers etwas festes Ferrosulfat verwendet (?).

9. Zu einem Tropfen Kaliumnitratlösung gebe man etwa 1 ccm halbgesättigte Ferrosulfatlösung und 1 ccm verdünnte Schwefelsäure und unterschichte vorsichtig mit

konz. Schwefelsäure. Braunfärbung an der Berührungsstelle der beiden Flüssigkeiten (?). Bei Spuren von Nitration entsteht ein violetter Ring. *Empfindliche Reaktion auf Salpetersäure.* Man prüfe **rohe** konzentrierte Schwefelsäure auf Salpetersäure.

10. Erwärmt man Kaliumnitrat mit **Kalilauge, Zinkstaub und Eisenfeile,** so entwickelt sich *Ammoniak* (?); die Lösung enthält *Kaliumzinkat* (?).

Die *Nitrate* sind bis auf die Verbindungen mit einigen organischen Basen (*Nitron*) alle in Wasser mehr oder weniger leicht löslich; es ist infolgedessen nicht möglich, das Nitration mit den gewöhnlichen Reagentien aus seinen Lösungen auszufällen.

Wertigkeit.

In seinen Verbindungen kommt Stickstoff in verschiedenen Wertigkeitsstufen vor, die sich durch geeignete Reaktionen ineinander überführen lassen.

Die Wertigkeit eines Elements ist ein Maß für sein chemisches Bindungsvermögen. Sie wird ausgedrückt durch die Anzahl Wasserstoffatome, die das Element zu binden oder zu ersetzen vermag.

So ist in den Verbindungen:

$$HCl \qquad H_2O \qquad NH_3 \qquad CH_4$$

Cl: I-wertig,   O: II-wertig,   N: III-wertig,   C: IV-wertig

oder in Verbindungen, in denen Wasserstoff durch andere Elemente ersetzt ist:

$$KCl \qquad MgCl_2 \qquad AlCl_3 \qquad SnCl_4$$

K: I-wertig,   Mg: II-wertig,   Al: III-wertig,   Sn: IV-wertig.

Da eine chemische Verbindung nach den Ausführungen im Abschnitt „Elektrolytische Dissoziation" (S. 14) durch den Austausch von Elektronen zwischen den ihr zugrunde liegenden Elementen entsteht, ist die Wertigkeit eines Elementes stets gleich der Anzahl Elektronen, die es aufgenommen oder abgegeben hat, und zwar wird ein Element bei der Abgabe von 1, 2, 3 . . . Elektronen positiv ein-, zwei-, drei- usw. wertig (Wertigkeitsbezeichnung: +I, +II, +III), während es bei Aufnahme von 1, 2, 3 . . . Elektronen in den negativ ein-, zwei-, drei- usw. wertigen Zustand übergeht (Wertigkeitsbezeichnung: −I, −II, −III).

Demnach ist in den Verbindungen:

$$HCl \qquad H_2O \qquad NH_3$$

H: +I-wertig,   H: +I-wertig,   H: +I-wertig,
Cl: −I-wertig,   O: −II-wertig,   N: −III-wertig.

Während bei den Elektrolyten die elektrische Ladung der Ionen durch das Verhalten bei der Elektrolyse deutlich in Erscheinung tritt, läßt sich bei den Nichtelektrolyten der Austausch von Elektronen zwischen den einzelnen Atomen nicht ohne weiteres feststellen. Es erfolgt aber auch hier die Bindung der Atome durch Elektronen, wobei jedoch die elektrischen Kräfte, die die Bindung bewirken, anderer Art sind als bei den Elektrolyten. Während nämlich die letzteren durch die elektrostatischen Kräfte entgegengesetzt geladener Ionen zusammengehalten werden — polare oder heteropolare Bindung —, sind bei den Nichtelektrolyten elektrodynamische Kräfte von Elektronen wirksam, die paarweise mehrere Atomkerne gleichzeitig umkreisen. Hierbei tritt nach außen hin keine elektrische Polarität in Erscheinung, und man hat daher diese Bindungsart unpolar oder homöopolar genannt.

Die Wertigkeit eines Elementes in einer bestimmten Verbindung läßt sich in einfacher Weise aus ihrer chemischen Formel ableiten. Dabei dient die Tatsache als Grundlage, daß sich die positiven und negativen Ladungen der Einzelatome einer Verbindung und damit auch ihre Wertigkeiten gegenseitig aufheben, da sich die Molekeln nach außen hin elektrisch neutral verhalten. Für Salpetersäure, salpetrige Säure und Ammoniumchlorid ergibt sich z. B. die Wertigkeit des Stickstoffs in folgender Weise:

	HNO_3	HNO_2	NH_4Cl
Wertigkeit von Wasserstoff:	$1 \cdot (+I) = +I$	$1 \cdot (+I) = +I$	$4 \cdot (+I) = +IV$
Wertigkeit von Sauerstoff:	$3 \cdot (-II) = -VI$	$2 \cdot (-II) = -IV$	
Wertigkeit von Chlor:			$1 \cdot (-I) = -I$
Summe:	$-V$	$-III$	$+III$
Wertigkeit des Stickstoffs:	$+V$	$+III$	$-III$
Summe:	0	0	0

Bei kompliziert zusammengesetzten Verbindungen, die mehr als ein Element unbestimmter Wertigkeit enthalten, ist diese Berechnungsweise nicht möglich. Es muß in diesem Fall eine Zerlegung der chemischen Formel vorgenommen werden.

Änderung der Wertigkeit (Oxydation und Reduktion).

Neben den einfachen Ionenreaktionen spielen in der analytischen Chemie auch solche Reaktionen eine wesentliche Rolle, die mit einer Änderung der Wertigkeit eines Elementes verbunden sind. Sie werden Oxydations- und Reduktionsreaktionen genannt. Als Beispiel hierfür gelte die Reaktion zwischen Nitrat und Ferrosulfat bei Anwesenheit von konz. Schwefelsäure:

$$6\,FeSO_4 + 2\,HNO_3 + 3\,H_2SO_4 \rightarrow 3\,Fe_2(SO_4)_3 + 2\,NO + 4\,H_2O$$

Wertigkeit: Fe: +II   N: +V   Fe: +III   N: +II

Der Stickstoff geht bei dieser Reaktion von der +V-wertigen in die +II-wertige Stufe über, während das Eisen von der +II-wertigen zur +III-wertigen Stufe oxydiert wird.

Man bezeichnet demnach:

als Oxydation einen Vorgang, der mit einer Erhöhung der positiven Wertigkeit (oder einer Verminderung der negativen Wertigkeit) verbunden ist,

als Reduktion einen Vorgang, der mit einer Verminderung der positiven Wertigkeit (oder einer Erhöhung der negativen Wertigkeit) verbunden ist.

Zahlreiche Oxydations- und Reduktionsreaktionen sind mit einer Zuführung von Sauerstoff oder Abgabe von Wasserstoff (Oxydation) bzw. mit einer Abgabe von Sauerstoff oder Zuführung von Wasserstoff (Reduktion) verbunden. Auch hier findet gemäß der oben gegebenen Definition eine Erhöhung oder Verminderung der positiven Wertigkeit statt (z. B. $2\overset{+II}{N}O + O_2 \leftrightarrows 2\overset{+IV}{N}O_2$). *Die Zuführung bzw. Abgabe von Sauerstoff oder Wasserstoff ist aber nicht das Charakteristikum der Oxydation und Reduktion. Es gibt vielmehr auch Oxydations- und Reduktionsvorgänge, die in völliger Abwesenheit von Sauerstoff und Wasserstoff stattfinden (z. B.* $2\overset{+II}{Fe}Cl_2 + Cl_2 \leftrightarrows 2\overset{+III}{Fe}Cl_3$).

Da die Änderung der Wertigkeit eines Elementes, wie oben dargelegt, durch einen Austausch von Elektronen bedingt ist, ergibt sich:

Oxydation *eines Stoffes erfolgt dadurch, daß Elektronen nach außen hin abgegeben werden.*

Reduktion *eines Stoffes erfolgt dadurch, daß Elektronen von außen her aufgenommen werden.*

Somit sind Oxydationsmittel solche Stoffe, die leicht Elektronen aufzunehmen vermögen und dadurch eine höhere negative Wertigkeit oder geringere positive Wertigkeit annehmen, Reduktionsmittel solche Stoffe, die leicht Elektronen abzuspalten vermögen und dadurch eine geringere negative Wertigkeit oder eine höhere positive Wertigkeit annehmen.

Oxydations- und Reduktionsvorgänge sind stets miteinander gekoppelt.

Bei der Aufstellung von Oxydations- und Reduktionsgleichungen läßt sich die Zahl der miteinander reagierenden Molekeln auf Grund der Wertigkeitsänderung der Elemente ermitteln.

Bei der Reaktion von Nitrat mit Ferrosulfat ergibt sich das Mengenverhältnis von Nitrat zu Ferrosulfat in folgender Weise:

Wertigkeitsänderung des Stickstoffs: $\overset{+V}{N} \rightarrow \overset{+II}{N} \cdots -3$ *Wertigkeiten,*

Wertigkeitsänderung des Eisens: $\overset{+II}{Fe} \rightarrow \overset{+III}{Fe} \cdots +1$ *Wertigkeit.*

Da also bei dieser Reaktion der Stickstoff des NO_3'-Ions beim Übergang in NO 3 Wertigkeiten abgibt, welche $3 Fe^{\cdot\cdot}$-Ionen in $3 Fe^{\cdot\cdot\cdot}$-Ionen überzuführen vermögen, müssen jeweils $3 Fe^{\cdot\cdot}$-Ionen $(3 FeSO_4)$ mit $1 NO_3'$-

Ion ($1\,HNO_3$) oder $6\,Fe^{..}$-Ionen ($6\,FeSO_4$) mit $2\,NO_3{}'$-Ionen ($2\,HNO_3$) in Reaktion treten. (Vgl. die Reaktionsgleichung auf S. 35).

Bei der Reaktion von Nitrat mit naszierendem Wasserstoff gilt:

$$\text{Wertigkeitsänderung des Stickstoffs:} \quad \overset{+V}{N} \rightarrow \overset{-III}{N} \cdots -8\,\text{Wertigkeiten,}$$

$$\text{Wertigkeitsänderung des Wasserstoffs:} \quad \overset{\pm 0}{H} \rightarrow \overset{+I}{H} \cdots +1\,\text{Wertigkeit.}$$

Für die Reduktion von $1\,NO_3{}'$-Ion ($1\,KNO_3$) zu einer Molekel Ammoniak ($1\,NH_3$) sind demnach 8 Wasserstoffatome ($8\,H$) erforderlich.

6. Ammoniumchlorid. NH_4Cl.

$$\begin{bmatrix} H & & H \\ & N & \\ H & & H \end{bmatrix} Cl$$

Verwendung: Pharmazeutisch. Ammoniumverbindungen. Ammoniakflüssigkeit, Liquor Ammonii caustici (Salmiakgeist) NH_3; Ammoniumchlorid, Ammonium chloratum (Salmiak, Salmiakpastillen) NH_4Cl; Ammoniumcarbonat, Ammonium carbonicum (Hirschhornsalz) $NH_4HCO_3 + NH_2 \cdot COONH_4$.

Zu untersuchen: Ammoniumchlorid (NH_4Cl),
Ammoniak (NH_3),
Natriumammoniumphosphat, saures ($NaNH_4HPO_4$
$\cdot\,4\,H_2O$).

1. Beim *Erhitzen im Reagensglas* verflüchtigt sich Ammoniumchlorid unter Zersetzung (?) vollständig, ohne vorher zu schmelzen, und scheidet sich im kalten Teil desselben wieder ab (definiere *Sublimation, Destillation*). Die Ammoniumsalze aller flüchtigen Säuren sind flüchtig; diejenigen der nichtflüchtigen Säuren verlieren beim Glühen das Ammoniak; auszuführen mit saurem Natriumammoniumphosphat (sog. Phosphorsalz des Handels).

2. Man versetze Ammoniumchloridlösung mit Natronlauge und erwärme; es entweicht *Ammoniak* das durch den Geruch und durch Rauchbildung mit konz. Salzsäure (?) nachzuweisen ist. Noch empfindlicher ist der Nachweis mit Calciumhydroxyd: Man verreibe in einer Reibschale einige Tropfen einer verdünnten Ammoniumchloridlösung mit so viel festem Calciumhydroxyd, daß die Masse dickbreiig ist und stelle den auftretenden Geruch fest (?).

3. *Ammoniak* ist ein Gas, das bei $-33°$ C siedet; es löst sich außerordentlich leicht in Wasser. Die wäßrige Lösung ist leichter als Wasser, hat den Geruch des Ammoniakgases, reagiert alkalisch und verhält sich gegen Säuren und Schwermetallsalze wie Alkalilauge (?). Welche Bestandteile enthält sie?

4. Reines Ammoniak darf beim Erwärmen mit Calciumchlorid keine Fällung oder Trübung geben (?). Man prüfe in dieser Weise das aufstehende sowie das durch Verdünnung aus 25%igem reinem Ammoniak hergestellte Ammoniak (*Prüfung auf Verunreinigung durch Carbonation*). Läßt man die mit Calciumchlorid versetzte klare Lösung in einem Becherglas über Nacht an der Luft stehen, so tritt Trübung ein (?).

5. Etwas verdünnte Schwefelsäure werde in einer Porzellanschale mit Ammoniak bis zur neutralen oder schwach alkalischen Reaktion versetzt (Lackmus). Hierauf dampfe man bis zur beginnenden Krystallisation ein und lasse erkalten. Die nach einiger Zeit abgeschiedenen Krystalle werden abfiltriert und durch Abpressen auf Filtrierpapier getrocknet. Man verwende sie zur Ausführung nachfolgender Reaktionen.

6. Die Ammoniumsalze sind den Kaliumsalzen in ihrem Verhalten in mancher Hinsicht ähnlich. Man stelle die Niederschläge mit Natriumkobaltinitrit und Weinsäure her (?). Sie unterscheiden sich von den Kaliumsalzen durch ihr Verhalten beim Erhitzen (?). Im Gang der Analyse kann die Prüfung auf Kaliumsalze erst vorgenommen werden, nachdem die vorhandenen Ammoniumsalze durch Glühen vollständig entfernt sind.

7. Neßlers Reagens $K_2[HgJ_4] + KOH$ gibt mit Ammoniumsalzen oder Ammoniak eine je nach der Konzentration gelbe bis braune Färbung oder einen braunen Niederschlag von

$$Oxydimercuriammoniumjodid \left[O\!\!<^{\displaystyle Hg}_{\displaystyle Hg}\!\!>NH_2\right]J. \ \textit{Sehr empfindliche}$$

Reaktion auf Ammoniumion.

Herstellung von Nesslers *Reagens.* 5 g Kaliumjodid werden in 5 ccm heißem Wasser gelöst und in kleinen Anteilen mit einer gesättigten Lösung von Mercurichlorid in heißem Wasser versetzt, bis die dabei entstehende Fällung beim Umschwenken eben nicht mehr vollständig in Lösung geht. Hierzu sind 2—2,5 g Quecksilberchlorid erforderlich. Nach dem Erkalten wird filtriert, das Filtrat mit einer Lösung von 15 g Kaliumhydroxyd in 30 ccm Wasser versetzt und die Mischung mit Wasser auf 100 ccm aufgefüllt. Hierauf gibt man etwa 0,5 ccm der gesättigten Mercurichloridlösung hinzu, läßt den gebildeten Niederschlag absitzen und gießt die überstehende Flüssigkeit ab. Die Lösung ist in Flaschen mit gut schließendem Gummistopfen aufzubewahren.

8. Wie werden Ammoniak und Ammoniumsalze technisch gewonnen?

7. Lithiumchlorid. LiCl.

Lithium: Li = 6,940; 1. Gruppe des periodischen Systems; Ordnungszahl 3; Wertigkeit +I.

Vorkommen: Als Silicat (Lithiumglimmer, Lepidolith) und Phosphat [Triphylin Li(Fe, Mn)PO₄]. In manchen Mineralquellen.

Verwendung: Therapeutisch. Lithiumwässer gegen Gicht.

Zu untersuchen: Lithiumchlorid (LiCl).

1. Lithiumchlorid färbt die *Flamme* karminrot. Man betrachte die rote Flamme durch ein *Kobaltglas* (?). Löslichkeit in Wasser (?), in Alkohol. Man gieße die alkoholische Lösung in eine Porzellanschale, entzünde den Alkohol und lasse unter Umrühren mit einem Glasstab abbrennen. Es zeigt sich eine rotgesäumte Flamme.

2. Die *Lithiumsalze* sind wie die der übrigen Alkalimetalle größtenteils in Wasser löslich; schwer löslich sind *Lithiumphosphat, Lithiumfluorid* und *Lithiumcarbonat.* Man versetze eine wäßrige Lithiumchloridlösung zu einem Teil mit Natriumcarbonat (?), zum anderen Teil mit Dinatriumphosphat (?) und erwärme zum Sieden. Das Filtrat von der Phosphatfällung versetze man mit Ammoniak und erwärme erneut zum Sieden (?).

3. Von den übrigen Alkalimetallen unterscheidet sich Lithium außer durch die obengenannten Reaktionen auch durch die leichte *Zersetzlichkeit des Carbonats* und *Hydroxyds* beim Glühen (?). Das Lithium nimmt eine *Übergangsstellung zwischen den Alkalimetallen und den Erdalkalimetallen* ein (*Diagonalbeziehungen* im periodischen System der Elemente?).

8. Trennung des Sulfations von den Alkalien.

Zum Nachweis des *Lithiums* auf Grund der Flammenfärbung der alkoholischen Lösung des Lithiumchlorids ist die *vorherige Abtrennung des Sulfations* nötig, da Lithiumsulfat in Alkohol nur in sehr geringem Maße löslich ist.

1. Man verwende eine verdünnte Lösung von Kaliumchlorid, Natriumchlorid, Lithiumchlorid und Ammoniumsulfat. Die Lösung versetze man mit verdünnter Salzsäure, erwärme zum Sieden und füge einen Überschuß an heißer Bariumchloridlösung hinzu (?).

2. Das sulfatfreie Filtrat enthält noch Bariumion, das durch Ammoniumcarbonat entfernt werden muß: Man versetze es mit Ammoniak bis zur alkalischen Reaktion und dann mit Ammoniumcarbonat, erhitze, lasse absitzen und filtriere von der Fällung (?) ab.

3. Das Filtrat wird in einer Porzellanschale zur Trockne eingedampft und sodann mit etwas verdünnter Salzsäure durchfeuchtet. Schließlich wird zur *Entfernung der Ammoniumsalze* über freier Flamme erhitzt, bis kein weißer Rauch mehr entweicht (?). Hierbei kommt die Masse zum Schmelzen und färbt sich durch Zersetzungsprodukte organischer Verunreinigungen schwarz. Man läßt erkalten, löst die Schmelze in heißem Wasser, filtriert vom ungelösten Rückstand (Kohlenstoff) ab und prüft Proben der Lösung mit Bariumchlorid und Salzsäure auf Abwesenheit von *Sulfation*, ferner mit verdünnter Schwefelsäure auf Abwesenheit von *Bariumion* und mit Nesslers Reagens auf Abwesenheit von *Ammoniumion*. Ist noch Sulfation oder Ammoniumion nachweisbar oder sind größere Mengen Bariumion anwesend, so ist die Behandlung zu wiederholen.

4. Der Rest der nach Absatz 3 erhaltenen filtrierten Lösung wird in einer kleinen Porzellanschale eingedampft und über kleiner Flamme vorsichtig getrocknet, ohne daß die Masse zum Schmelzen kommt. Nach dem Erkalten verreibt man den Rückstand gründlich mit einigen Kubikzentimetern absolutem (unvergälltem) Alkohol (Pistill), filtriert durch ein trockenes Filter vom Ungelösten ab und bringt das Filtrat in einer Porzellanschale zur Entzündung. Eine rotgesäumte Flamme ist für *Lithium* beweisend.

5. Der nach Absatz 4 verbliebene alkoholunlösliche Rückstand wird mit Alkohol ausgewaschen und sodann in wenig Wasser gelöst. Die auf 2 Reagensgläser und 1 Uhrglas verteilte Lösung prüfe man einmal mit Natriumkobaltinitrit auf *Kaliumion*, ferner mit Magnesium-Uranylacetat sowie mit Kaliumpyroantimonat auf *Natriumion*.

9. Natriumperoxyd. Na_2O_2.

$$\begin{array}{c} O\text{—Na} \\ | \\ O\text{—Na} \end{array}$$

Vorkommen: Wasserstoffperoxyd. In geringen Mengen in der Atmosphäre. Gebunden (Peroxyde) als Zwischenprodukt bei der *Autoxydation organischer Stoffe* (z. B. Äther, Terpentinöl).

Biologische Bedeutung: Wasserstoffperoxyd. Zwischenprodukt bei biologischen Oxydationsvorgängen (Atmung).

Verwendung: Natriumperoxyd. Als Oxydations- und Bleichmittel. Wasserstoffperoxyd. Als Bleichmittel. *Therapeutisch.* Wasserstoffperoxyd. Als Antisepticum.

Zu untersuchen: Natriumperoxyd (Na_2O_2),
Wasserstoffperoxydlösung, verdünnt (H_2O_2).

1. Natriumperoxyd, das Salz der zweibasischen Säure *Wasserstoffperoxyd,* ist ein gelblich-weißes Pulver, das sich in Wasser unter Zersetzung (?) leicht löst. Reaktion der wäßrigen Lösung? Die Umsetzung mit Wasser ist exotherm (?).

2. Natriumperoxyd besitzt stark *oxydierende Eigenschaften.* Man streue etwas davon auf eine mehrfache Lage Papier[1]) und füge einige Tropfen Wasser hinzu. Es tritt Entzündung ein (?).

3. Titanylsulfat TiO(SO$_4$) färbt sich auf Zusatz einiger Tropfen Wasserstoffperoxyd gelbrot (?). *Sehr empfindliche Reaktion auf Peroxydion.*

Zur *Herstellung der Titanylsulfatlösung* werden 0,5 g Titandioxyd mit 5 g Kaliumpyrosulfat vermischt und in einem bedeckten Porzellantiegel 20 Minuten lang geschmolzen, ohne daß größere Mengen Schwefelsäureanhydrid entweichen. Die Schmelze wird nach dem Erkalten mit 75 ccm verdünnter Schwefelsäure aufgenommen. Man erhitzt die Mischung zum Sieden, wobei meist vollständige Auflösung eintritt. Anderenfalls wird die Lösung filtriert.

4. Vanadinschwefelsäure gibt eine rotbraune Färbung (?)

Herstellung der Vanadinschwefelsäure. 0,2 g Vanadinsäureanhydrid V_2O_5 werden in 4 ccm konz. Schwefelsäure gelöst und die erhaltene Lösung mit Wasser auf 100 ccm aufgefüllt.

5. Etwas schwefelsaure Kaliumchromatlösung K$_2$CrO$_4$ wird mit Äther und einigen Tropfen Wasserstoffperoxyd versetzt. Nach dem Umschütteln färbt sich der Äther blau (?).

6. Aus einer mit Schwefelsäure angesäuerten Kaliumjodidlösung scheidet Wasserstoffperoxyd *elementares Jod* aus (?). Blaufärbung auf Zusatz von Stärkelösung (?).

Herstellung der Stärkelösung. 2,5 g lösliche Stärke werden mit etwa 10 ccm Wasser angerieben. Hierauf versetzt man mit 250 ccm kochendem Wasser und rührt um. Man erhält eine meist schwach opalisierende Flüssigkeit, die nach dem Erkalten von verdünnter Jod-Jodkaliumlösung gebläut wird. Entstehen rötlich-violette oder braune Farbtöne, so ist die Stärkelösung verdorben und muß wieder frisch hergestellt werden. Zur Erhöhung der Haltbarkeit kann eine sehr geringe Menge Quecksilberjodid HgJ$_2$ zugegeben werden.

7. Kaliumpermanganat in schwefelsaurer Lösung wird durch Wasserstoffperoxyd zuerst langsam, später rascher (?) entfärbt (?). Wasserstoffperoxyd ist gleichzeitig ein Oxydationsmittel und Reduktionsmittel (?).

---

[1]) Als Unterlage dient ein *Asbestdrahtnetz.*

8. Auf Zusatz einer Spur Mangandioxyd MnO_2 tritt lebhafte Gasentwicklung ein (?). *Katalytische Zersetzung* des Wasserstoffperoxyds. Welche Stoffe wirken zersetzend?

9. Unterschied zwischen Peroxyden und Dioxyden? (Beispiele hierfür?). Was sind *Peroxysäuren?*

10. Barium.

Barium: Ba = 137,36; 2. Gruppe des periodischen Systems; Ordnungszahl 56; Wertigkeit +II.

Vorkommen: Als Sulfat (Schwerspat $BaSO_4$) und Carbonat (Witherit $BaCO_3$).

Verwendung: Bariumsulfat. Als Farbe (Permanentweiß), *medizinisch* als Röntgenkontrastmittel.

Toxikologie: Alle in Wasser oder Säuren löslichen Bariumsalze sind giftig.

Zu untersuchen: Bariumchlorid $(BaCl_2 \cdot 2\,H_2O)$.

1. **Alkalicarbonate** fällen aus einer Lösung von Bariumchlorid einen weißen, in Säuren — nicht in Schwefelsäure (?) — unter Aufbrausen löslichen Niederschlag (?); die Fällung mit gewöhnlichem **Ammoniumcarbonat** wird erst durch Zusatz von Ammoniak und Erwärmen vollständig (?).

2. **Dinatriumphosphat** gibt einen weißen, flockigen Niederschlag (?). Fügt man gleichzeitig noch **Ammoniak** hinzu, so entsteht eine ebenfalls weiße Fällung von anderer Zusammensetzung (?). Beide Niederschläge sind in verdünnten Säuren leicht löslich (?).

3. **Ammoniumoxalat** erzeugt in neutralen oder ammoniakalischen Bariumsalzlösungen einen Niederschlag (?), der in verdünnten Mineralsäuren — nicht in Schwefelsäure (?) — leicht löslich ist (?).

4. **Kaliumchromat und -dichromat** fällen Bariumsalze gelb (?). Der Niederschlag ist schwer löslich in Alkalilaugen, Ammoniak und Essigsäure, löslich in Salz- und Salpetersäure (?). Die Fällung mit Kaliumdichromat ist nicht vollständig; das Filtrat gibt mit **Ammoniak** nochmals einen gelben Niederschlag (?).

5. Man prüfe mit dem filtrierten und **gut ausgewaschenen** Niederschlag von Bariumchromat und vergleichsweise mit Bariumchloridlösung die *Flammenfärbung*[1]).

---

[1]) **Bariumchromat** läßt die *Flammenfärbung* nicht direkt, sondern erst nach Behandlung mit **Salzsäure** erkennen: Man bringe das Salz an ein Magnesiastäbchen, lasse über der Sparflamme des Bunsenbrenners antrocknen, benetze mit verdünnter Salzsäure (Uhrglas) und prüfe dann die Flammenfärbung. In ähnlicher Weise ist die Flammenfärbung auch in anderen Fällen festzustellen, wenn die Farbe nicht eindeutig erkennbar ist.

6. Durch **Schwefelsäure** wird weißes *Bariumsulfat* gefällt (?). Man prüfe die Löslichkeit des Niederschlags in verdünnter und konzentrierter Salz- und Schwefelsäure (?).

Überführung des Bariumsulfats in Carbonat. **7.** Die Überführung gelingt durch Kochen mit Natriumcarbonat. Sie ist nicht vollständig, da das entstehende Alkalisulfat wieder im entgegengesetzten Sinn (?) auf das Bariumcarbonat einwirkt. Welchen Einfluß hat ein Zusatz von Natriumsulfat? Durch *Schmelzen* des Bariumsulfats *mit Alkalicarbonaten* gelingt die Umwandlung schneller und vollständiger.

Ausführung: a) Man stelle sich aus Bariumchlorid und Schwefelsäure *Bariumsulfat* her. Der filtrierte und gut ausgewaschene Niederschlag wird mit **Natriumcarbonat** $^1/_4$ Stunde gekocht. Dann läßt man absitzen, gießt die überstehende Flüssigkeit ab und erhitzt den Niederschlag erneut mit frischer Sodalösung. Diese Behandlung ist so lange fortzusetzen, bis sich eine Probe des abfiltrierten und ausgewaschenen (frei von Sulfation; Prüfung hierauf!) Niederschlages in Salzsäure klar löst (Erklärung der Umwandlung des Bariumsulfats in Bariumcarbonat an Hand des Löslichkeitsproduktes).

b) In einem Porzellantiegel mische man etwas getrocknetes Bariumsulfat mit der fünffachen Menge **Kaliumnatrium-carbonat** (?) und erhitze den Tiegel 10—15 Minuten in einer *Tonnesse* (oder einem *Tonglühofen*) mit einer kräftigen Flamme des Bunsenbrenners oder über dem *Gebläse* zum Schmelzen (Tiegel bedecken!). Nach vollständigem Erkalten erwärmt man den Tiegel samt Inhalt in einem Becherglas mit Wasser. Die entstehende Aufschwemmung wird filtriert und der Rückstand bis zum Verschwinden der Sulfatreaktion im Filtrat (?) ausgewaschen. Die salzsaure Lösung des in Wasser unlöslichen Rückstandes ist auf *Bariumion* zu prüfen (?).

11. Strontium.

Strontium: Sr = 87,63; 2. Gruppe des periodischen Systems; Ordnungszahl 38; Wertigkeit +II.

Vorkommen: Als Sulfat (Cölestin SrSO₄) und Carbonat (Strontianit SrCO₃).

Verwendung: In der Rübenzuckerindustrie (Strontianitverfahren), in der Feuerwerkerei.

Zu untersuchen: Strontiumchlorid (SrCl₂ · 6 H₂O).

1. Die Strontiumsalze verhalten sich gegen **Alkalicarbonate und -phosphate** sowie gegen **Ammoniumcarbonat**

wie Bariumsalze. Die Reaktionen sind auszuführen und zu formulieren. — *Flammenfärbung* karminrot.

2. Mit Ammoniumoxalat entsteht eine weiße Fällung (?). Löslichkeit in Essigsäure und Salzsäure?

3. Verdünnte Schwefelsäure und lösliche Sulfate erzeugen voluminöse Niederschläge, die nach kurzer Zeit, rascher beim Erwärmen, feinpulverig werden (?). Bei starker Verdünnung tritt die Fällung nur langsam ein. Durch Alkalicarbonate wird Strontiumsulfat schon in der Kälte bei längerem Stehen (12 Stunden) vollständig in Carbonat verwandelt (?), rascher beim Erhitzen (10 Minuten). Man prüfe die Löslichkeit des Strontiumsulfats in verdünnter Salzsäure (?).

4. Kaliumdichromat fällt Strontiumsalze nicht, **Kaliumchromat** nur konzentrierte Lösungen (?).

Die Strontiumverbindungen zeigen große *Ähnlichkeit mit den Bariumverbindungen*, mit welchen sie größtenteils *isomorph* (?) sind.

12. Calcium.

Calcium: Ca = 40,08; 2. Gruppe des periodischen Systems; Ordnungszahl 20; Wertigkeit +II.

Vorkommen: Sehr weit verbreitet als Carbonat [Calcit, Kalkstein, Marmor, Kreide, Aragonit; sämtliche $CaCO_3$; Dolomit $CaMg(CO_3)_2$], als Sulfat (Gips $CaSO_4 \cdot 2\,H_2O$, Anhydrit $CaSO_4$), als Silicat, Fluorid, Phosphat. Als Bicarbonat in den meisten Wässern (Härtebildner); in Pflanzen und Tieren (Knochen, Zähne, Muschelschalen, Perlen).

Verwendung: In Mörtel, Zement, Gips, Glas; als Calciumcarbid CaC_2 [verwendet zur Herstellung von *Kalkstickstoff* $CaCN_2$ (Düngemittel) sowie von *Acetylen* C_2H_2; hieraus Alkohol, Essigsäure, synthetischer Kautschuk (Buna) u. a.].
Pharmazeutisch. Gefälltes Calciumcarbonat, Calcium carbonicum praecipitatum $CaCO_3$; sekundäres Calciumphosphat, Calcium phosphoricum $CaHPO_4 \cdot 2\,H_2O$; Gipsverbände.

Zu untersuchen: Calciumchlorid ($CaCl_2 \cdot 6\,H_2O$),
Kalkwasser, Calciumhydroxyd [$Ca(OH)_2$].

1. Alkalicarbonate geben in der Kälte mit Calciumchlorid einen flockigen Niederschlag (?), der bei längerem Stehen oder rascher beim Erwärmen krystallin wird. Eine Lösung von Ammoniumsulfat verändert ihn weder in der Kälte noch beim Kochen (?) (Unterschied von Bariumcarbonat).

2. Mit Ammoniumcarbonat entsteht eine Fällung, die erst bei Zugabe von Ammoniak und Erhitzen vollständig wird (?). Man stelle mit dem abfiltrierten und ausgewaschenen

Niederschlag die *Flammenfärbung* fest und vergleiche sie mit der eines Strontiumsalzes (?).

3. *Calciumcarbonat* ist in konzentrierten Ammoniumsalzlösungen etwas löslich: Man verteile frisch gefälltes Calciumcarbonat mit Wasser zu gleichen Teilen auf zwei Reagensgläser, mache mit Ammoniak alkalisch, füge zu dem einen Reagensglas festes Ammoniumchlorid hinzu und erhitze beide Proben etwa 1 Minute zum Sieden. Hierauf werden die Lösungen fil-

Tabelle 2.

Löslichkeit wichtiger Erdalkaliverbindungen in Wasser.

Die Zahlenangaben bedeuten Anzahl Gramm wasserfreies Salz in 100 ccm Lösung bei Zimmertemperatur.

Verbindungen	Barium	Strontium	Calcium
Hydroxyd	mittel 3,7	merklich löslich 0,77	gering 0,17
Carbonat	sehr gering 0,0017	sehr gering 0,001	sehr gering 0,0013
Sulfat	sehr gering 0,00022	gering 0,011	merklich löslich 0,200
Chromat	sehr gering 0,00035	gering 0,12	merklich löslich 0,40
Oxalat	sehr gering 0,0077	sehr gering 0,0046	sehr gering 0,0005

Umwandlung in Erdalkalicarbonat beim Kochen mit Sodalösung

Sulfat	teilweise	vollständig	vollständig

triert und die Filtrate mit Essigsäure und Ammoniumoxalat versetzt (?).

4. Beim *Glühen* spaltet Calciumcarbonat *Kohlendioxyd* sehr viel leichter ab, als Strontiumcarbonat. Das zurückbleibende *Calciumoxyd* („*gebrannter Kalk*") bildet, mit wenig Wasser befeuchtet, unter lebhafter Wärmeentwicklung *Calciumhydroxyd* („*gelöschter Kalk*"), das beim Glühen das Wasser leicht wieder abgibt (?). Was ist *Kalkmilch, Kalkwasser?* Wie reagiert eine Lösung von Calciumhydroxyd in Wasser gegen Lackmuspapier?

5. *Kalkwasser* wird beim Stehen an der Luft allmählich trüb (?), rascher beim Daraufhauchen oder Durchblasen von Luft mittels eines Glasrohres (?). Überschuß an Kohlensäure löst den Niederschlag wieder auf (?), der beim Erhitzen erneut ausfällt (?).

6. Schwefelsäure gibt mit Calciumsalzlösungen bei höherer *Konzentration* einen voluminösen Niederschlag von charakteristischer Krystallform (?) (*Mikroskop*). Bei geringerer Konzentration tritt keine Fällung ein. Calciumsulfat ist in Wasser merklich löslich, leicht löslich in verdünnter Salzsäure und Salpetersäure (?). Gegen Alkalicarbonate verhält es sich wie Stron·tiumsulfat (?).

7. **Ammoniumoxalat** gibt selbst mit sehr verdünnten Calciumsalzlösungen einen weißen Niederschlag (?); unlöslich in Essigsäure, leicht löslich in Mineralsäuren (?). Man fälle Calciumchlorid in der Hitze mit freier **Oxalsäure**; das Filtrat vom Niederschlag versetze man mit **Natriumacetat** (?). Was entsteht beim Erhitzen von festem Calciumoxalat?

13. Magnesium.

Magnesium: Mg = 24,32; 2. Gruppe des periodischen Systems; Ordnungszahl 12; Wertigkeit +II.

Vorkommen: Als Silicat (Serpentin, Olivin, Asbest, Talkum), als Carbonat [Magnesit $MgCO_3$, Dolomit $MgCa(CO_3)_2$]; in den Staßfurter Abraumsalzen. Als Magnesiumammoniumphosphat $MgNH_4PO_4 \cdot 6\,H_2O$ in Blasen- und Nierensteinen, im Harnsediment. Im Meerwasser, in Mineralquellen (Bitterwässer).

Biologische Bedeutung: Wichtiger Bestandteil des *Chlorophylls*.

Verwendung: Als Metall (Blitzlichtpulver, Magnesiumfackeln); in Leichtmetallegierungen [Elektronmetall Mg (90%) + Al + Zn + Cu] zum Bau von Flugzeugen, Luftschiffen, Automobilen.
Pharmazeutisch. Magnesiumoxyd, Magnesia usta MgO; basisches Magnesiumcarbonat, Magnesia alba $3\,MgCO_3 \cdot Mg(OH)_2 \cdot 3\,H_2O$; beide gegen Hyperacidität. Magnesiumsulfat, Magnesium sulfuricum (Bittersalz) $MgSO_4 \cdot 7\,H_2O$ als Abführmittel.

Zu untersuchen: Magnesiumchlorid ($MgCl_2 \cdot 6\,H_2O$).

1. **Alkalihydroxyde** fällen aus der Lösung des Magnesiumchlorids einen voluminösen Niederschlag (?). In Wasser ist er nur wenig, immerhin aber so stark löslich, daß deutlich alkalische Reaktion besteht.

2. **Ammoniak** fällt aus neutralen Magnesiumsalzlösungen *Magnesiumhydroxyd* aus (?), das in überschüssigem Ammoniak unlöslich ist. Die Fällung ist aber nur eine teilweise, weil bei der Reaktion Ammoniumsalz entsteht und Magnesiumhydroxyd in Ammoniumsalzen löslich ist (?). Aus sauren oder mit **Ammoniumsalzen** (Ammoniumchlorid) versetzten Magnesiumsalzlösungen wird deshalb durch Ammoniak kein Magnesiumhydroxyd gefällt. Man versetze Magnesiumchloridlösung zuerst

mit Salzsäure und dann mit Ammoniak bis zur alkalischen Reaktion; es tritt keine Fällung ein (?). Auch bei Zugabe von wenig Natronlauge zu der ammoniakalischen Lösung tritt noch keine Fällung ein. Fügt man mehr Natronlauge hinzu oder kocht, so fällt *Magnesiumhydroxyd* aus und bei Überschuß an Lauge und fortgesetztem Kochen wird das Magnesium vollständig als Hydroxyd abgeschieden (?).

Versetzt man eine Magnesiumchloridlösung mit Ammoniak, so fällt nach der Gleichung

$$MgCl_2 + 2\,NH_4OH \rightleftharpoons Mg(OH)_2 + 2\,NH_4Cl$$

Magnesiumhydroxyd aus, da dessen Löslichkeitsprodukt

$$Lp = [Mg^{\cdot\cdot}] \cdot [OH']^2$$

überschritten wird. Enthält die Magnesiumsalzlösung aber gleichzeitig Ammoniumchlorid, so wird die Dissoziation des zugesetzten Ammoniaks durch das gleichnamige $NH_4^{\cdot}$-Ion so stark zurückgedrängt, daß die Konzentration der verbleibenden OH'-Ionen nicht mehr zur Überschreitung des Löslichkeitsproduktes von Magnesiumhydroxyd ausreicht. Es findet daher keine Fällung statt.

Auch das bei der Fällung von Magnesiumchlorid mit Ammoniak neben Magnesiumhydroxyd entstehende Ammoniumchlorid drängt die Dissoziation des Ammoniaks zurück und bewirkt, daß die Fällung des Magnesiums unvollständig bleibt.

3. **Alkalicarbonate** erzeugen einen voluminösen Niederschlag von *basischem Magnesiumcarbonat* (?), löslich in Ammoniumchlorid (?).

4. Man versetze eine größere Menge von verdünnter Magnesiumchloridlösung in der Siedehitze mit **Natriumcarbonat**, filtriere von dem entstandenen Niederschlag ab, wasche aus und trockne ihn im Trockenschrank (*Magnesia alba*). Schon bei *gelindem Erwärmen* des getrockneten Niederschlages im Reagensglas entweichen Wasser und Kohlensäure unter Hinterlassung von *Magnesiumoxyd* (?) (*Magnesia usta*). Die Kohlensäure weise man nach, indem man einen mit **Barytwasser** benetzten Glasstab in das Reagensglas hält (?). Aus der Luft nimmt Magnesiumoxyd **Kohlensäure** auf unter Bildung von *basischem Carbonat* (?).

5. **Ammoniumcarbonat** gibt eine weiße, voluminöse Fällung (?). Mit stark verdünnten Magnesiumsalzlösungen entsteht in der Kälte kein Niederschlag. Beim Erwärmen der klaren Lösung tritt eine Fällung auf (?). Die mit viel Ammoniumchlorid versetzte Lösung des Magnesiumsalzes wird durch Ammoniumcarbonat auch beim Erwärmen nicht getrübt (?).

6. **Dinatriumphosphat** gibt mit konzentrierten Magnesiumsalzlösungen sofort einen Niederschlag (?). In verdünnten Lösungen entsteht mit wenig Dinatriumphosphat erst beim Erhitzen eine Fällung; die überstehende Flüssigkeit reagiert dann sauer (?). Bei Gegenwart von **Ammoniumsalzen** und freiem **Ammoniak** wird durch **Dinatriumphosphat** das Magnesium vollständig als *Magnesiumammoniumphosphat* gefällt (?). Um die Fällung in der *charakteristischen Krystallform* zu erhalten, versetze man wenige Tropfen Magnesiumchloridlösung mit 2 ccm Wasser, 1 ccm Salzsäure und einigen Tropfen Dinatriumphosphatlösung, erwärme zum Sieden und füge langsam verdünntes Ammoniak hinzu. — Bei verdünnten Lösungen tritt die Krystallisation nur langsam ein. Sie kann dann beschleunigt werden, indem man die Innenwandung des Gefäßes mit einem Glasstab reibt (?). Die Fällung ist unter dem *Mikroskop* zu betrachten.

Von **Säuren** wird *Magnesiumammoniumphosphat* leicht gelöst (?) und durch **Ammoniak** aus der sauren Lösung wieder gefällt (?).

7. Beim *Glühen* des getrockneten Niederschlages entweichen Wasser und Ammoniak und es hinterbleibt *Magnesiumpyrophosphat* (?). Letzteres wird von Mineralsäuren, besonders beim Erwärmen, ebenfalls gelöst (?).

8. Eine stark verdünnte Magnesiumchloridlösung werde mit **Titangelblösung**[1]) und einigen Kubikzentimetern **Natronlauge** versetzt. Es entsteht eine leuchtend rote, flockige Fällung (?). Sind nur sehr geringe Mengen Magnesiumion zugegen, so ist die Fällung schwer erkennbar. Man schüttelt in diesem Fall mit **Chloroform** kräftig durch und läßt einige Minuten stehen. Der Niederschlag scheidet sich dann in gut erkennbarer Weise an der Grenzschicht zwischen Chloroform und Wasser ab. *Sehr empfindliche Reaktion auf Magnesiumion.* Man prüfe mit dieser Reaktion das *Leitungswasser* und *destillierte Wasser* auf Magnesium.

---

[1]) **Titangelb** ist eine *Diazoamidoverbindung* von der Formel:

$$CH_3 - \underset{N}{\overset{S}{\diagup\diagdown}} C - \diamond\!\!-\overset{SO_3Na}{\diamond} - N = N - NH - \overset{SO_3Na}{\diamond}\!\!-\diamond - C \underset{N}{\overset{S}{\diagdown\diagup}} - CH_3$$

14. Trennung von Calcium, Strontium, Barium, Magnesium.

1. Eine stark verdünnte Lösung von Calcium-, Strontium-, Barium- und Magnesiumchlorid versetze man mit Ammoniumchlorid (?), Ammoniak und Ammoniumcarbonat und erwärme zum Sieden (?).

2. Der abfiltrierte *Niederschlag* wird mit Wasser ausgewaschen (Waschwässer vernachlässigen!) und in wenig Essigsäure gelöst. Man füge zu der Lösung im Reagensglas Kaliumchromat und filtriere von der entstandenen Fällung (?) ab. Das Filtrat wird mit Ammoniumsulfat versetzt und etwa 5—10 Minuten bis fast zum Sieden erwärmt (?). Der entstandene Niederschlag wird abfiltriert. Man überzeuge sich mit Hilfe des Mikroskops davon, daß kein Calciumsulfat mitgefallen ist. Das Filtrat vom Strontiumsulfat versetze man mit Ammoniumoxalat (?). — Man achte bei allen Fällungen darauf, daß ein Überschuß an dem jeweiligen Fällungsreagens vorliegt!

3. Das *Filtrat* von der nach Absatz 1 hergestellten Fällung enthält das *Magnesium*, welches durch die Reaktion mit Dinatriumphosphat und Ammoniak nachgewiesen wird.

Zweiter Abschnitt.

1. Phosphorsäure. H_3PO_4.

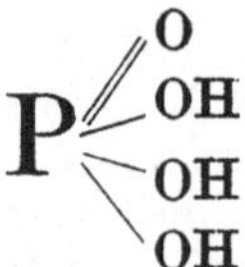

Phosphor: $P = 30{,}98$; 5. Gruppe des periodischen Systems;
Ordnungszahl 15; Wertigkeit $-III$, $(+I)$, $+III$,
$(+IV)$, $+V$.

Vorkommen: Als Phosphat [Apatit $3\,Ca_3(PO_4)_2 \cdot Ca(Cl, F)_2$, Phosphorit
$Ca_3(PO_4)_2$, Guano, Knochen].

Biologische Bedeutung: Bestandteil von Phosphatiden (Lecithin, Kephalin).
In manchen Eiweißstoffen (Casein, Nucleoproteide) und Fermenten
(Co-Zymase).

Verwendung: Farbloser Phosphor. Als Medikament (Phosphoröl, Oleum
phosphoratum), als Rattengift. — Roter Phosphor. Zur Zündholz-
fabrikation (die Zündmasse besteht aus Kaliumchlorat, Antimonsulfid und einem Bindemittel, die Reibfläche enthält u. a. roten
Phosphor). — Phosphate. Als künstliche Düngemittel [Superphos-
phat $Ca(H_2PO_4)_2 \cdot H_2O + CaSO_4 \cdot 2\,H_2O$, Thomasmehl $Ca_4P_2O_9$,
Rhenaniaphosphat (aus Phosphaten durch Glühen mit Calciumcarbonat und Natriumcarbonat)].

Zu untersuchen: Dinatriumphosphat ($Na_2HPO_4 \cdot 12\,H_2O$),
Natriumammoniumphosphat, saures ($NaNH_4HPO_4$
$\cdot 4\,H_2O$).

1. Das analytisch gebräuchlichste Salz der Phosphorsäure
ist *Dinatriumphosphat*. Es bildet sehr wasserreiche Krystalle,
die an der Luft verwittern (?) und beim *Erhitzen* im Krystallwasser schmelzen. Beim weiteren Erhitzen erstarrt die Masse
wieder (?).

2. Mit konz. Schwefelsäure entwickelt das Salz kein Gas,
auch nicht beim Erwärmen, da die Phosphorsäure sehr schwer

flüchtig ist. Beim Lösen in Wasser tritt außer der elektrolytischen Dissoziation noch *Hydrolyse* ein. Reaktion der wäßrigen Lösung? Welche Ionen enthält die Lösung?

Orthophosphorsäure ist eine dreibasische Säure und bildet drei Reihen von Salzen (primäre, sekundäre, tertiäre Salze). In wäßriger Lösung erleidet sie eine stufenweise Dissoziation nach folgendem Schema:

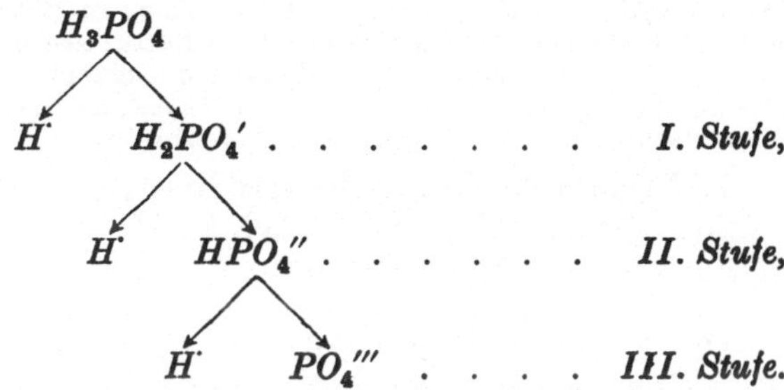

Die Abspaltung der Wasserstoffionen erfolgt in wäßriger Lösung praktisch nur in der I. Stufe. Durch Zugabe von Lauge werden die Wasserstoffionen der II. Stufe abgespalten; die Dissoziation der III. Stufe erfolgt erst bei Zugabe eines erheblichen Alkaliüberschusses.

Beim Dinatriumphosphat erfolgt Dissoziation unter Bildung von $HPO_4{''}$-Ionen und Na-Ionen. Infolge der sehr geringen Dissoziation der $H_2PO_4{'}$-Ionen verbinden sich die $HPO_4{''}$-Ionen mit den $H^{\cdot}$-Ionen des Wassers zu $H_2PO_4{'}$-Ionen. Die hierbei in freiem Zustand verbleibenden OH'-Ionen bedingen die alkalische Reaktion der Lösung, trotzdem ein saures Salz vorliegt.

3. Calcium-, Strontium- und Bariumsalze fällen aus einer Lösung von Dinatriumphosphat weiße Niederschläge (?). Man versetze den mit Calciumchlorid erhaltenen Niederschlag mit Salzsäure bis zur Auflösung (?) und hierauf mit Ammoniak bis zur alkalischen Reaktion (?).

4. Silbernitrat gibt einen gelben Niederschlag (?); man prüfe die Reaktion der überstehenden Flüssigkeit (?). Der Niederschlag ist in Salpetersäure und Ammoniak leicht löslich (?).

5. Mit Magnesiumchlorid, Ammoniumchlorid und Ammoniak entsteht ein weißer Niederschlag (?) von charakteristischer Krystallform (?), der in Säuren leicht löslich ist (?). Man führe die Reaktion in analoger Weise aus, wie bei *Magnesium* (S. 48) beschrieben.

6. Ein Tropfen Dinatriumphosphatlösung werde mit etwas Wasser und verdünnter Salpetersäure sowie 1—2 ccm einer salpetersauren Lösung von **Ammoniummolybdat** $(NH_4)_2MoO_4$ versetzt. Die Flüssigkeit färbt sich gelb und läßt beim Erwärmen (nicht Kochen!) einen gelben krystallinen Niederschlag von *Ammoniummolybdänphosphat* $(NH_4)_3[P(Mo_3O_{10})_4] \cdot 6\,H_2O$ fallen (?). *Empfindliche Reaktion auf Phosphation.* Man prüfe die Löslichkeit des Niederschlages in Ammoniak und Natronlauge (?).

Herstellung der Ammoniummolybdatlösung: 7,5 g Ammoniummolybdat $(NH_4)_6Mo_7O_{24} \cdot 4\,H_2O$ werden unter Erwärmen in 100 ccm Wasser gelöst. Sodann gibt man 20 g Ammoniumnitrat hinzu, löst unter Umschwenken und gießt die Lösung sofort unter Umrühren mit einem Glasstab in 100 ccm etwa 34%ige Salpetersäure (1:1). Die nötigenfalls filtrierte Mischung wird in einer braunen Glasstopfenflasche aufbewahrt.

7. Verdünnte **Ferrichloridlösung** erzeugt einen gelblichweißen Niederschlag (?); löslich in Mineralsäuren (?), unlöslich in Essigsäure. Bei Verwendung eines Überschusses an Ferrichlorid löst sich der Niederschlag wieder auf (?).

Die Reaktion eignet sich zur *Abtrennung der Phosphorsäure im Analysengang.* Das dabei einzuhaltende Verfahren ist auf S. 75 beschrieben.

8. Zu einigen Tropfen Dinatriumphosphatlösung gebe man in einer Porzellanschale 10—20 ccm **verdünnte Salpetersäure** und einige Stücke **metallisches Zinn** (etwa 1 g) und erwärme unter Umrühren mit kleiner Flamme (*Abzug!*), bis alles Zinn in ein weißes Pulver von *Metazinnsäure* verwandelt ist (?). Diese Behandlung ist so lange fortzusetzen, bis eine filtrierte Probe bei Prüfung mit **Ammoniummolybdat** sich als frei von Phosphorsäure erweist. Die verdampfte Flüssigkeit muß zeitweise durch Wasser oder verdünnte Salpetersäure ersetzt werden. Das Verfahren (sog. *Zinnsäuremethode*) kann zur Abtrennung der Phosphorsäure im Analysengang Verwendung finden.

Pyrophosphorsäure. **9.** Etwas festes Dinatriumphosphat wird im Porzellantiegel erhitzt, bis die geschmolzene Masse wieder fest wird und keine Gasblasen mehr entweichen (?). Der Glührückstand wird nach dem Erkalten in Wasser aufgenommen. Die Lösung gibt mit **Silbernitrat** einen weißen Niederschlag (?). Mit **Ammoniummolybdat** entsteht erst *nach vorherigem Erwärmen* mit **Salpetersäure** eine gelbe Fällung (?). Strukturformel der Pyrophosphorsäure? Pyrophosphorsäure bildet 2 Reihen von Salzen (?).

Metaphosphorsäure. **10.** Saures Natriumammoniumphosphat $NH_4NaHPO_4 \cdot 4\,H_2O$ (sog. Phosphorsalz) verliert beim Erhitzen zuerst Krystallwasser, weiterhin Ammoniak und dann nochmals Wasser (?). Man erhitze das Salz im Porzellantiegel, bis der geschmolzene Rückstand keine Gasblasen mehr entwickelt.

11. Die Lösung des Rückstandes in Wasser gibt mit Silbernitrat einen weißen Niederschlag (?), mit einer Mischung von Magnesiumchlorid, Ammoniumchlorid und Ammoniak keinen Niederschlag; gegen Ammoniummolybdat verhält sie sich wie die Lösung des Natriumpyrophosphats (?); mit Eiweißlösung (Albumen ovi siccum) und etwas Essigsäure versetzt, wird das Eiweiß koaguliert. Strukturformel der Metaphosphorsäure?

12. Der Schmelzrückstand des sauren Natriumammoniumphosphats löst viele Metalloxyde auf (?), manche unter charakteristischer Färbung. Man stelle am Magnesiastäbchen „*Phosphorsalzperlen*" mit Kobaltonitrat- und Kaliumchromatlösung her, indem man eine geringe Menge „Phosphorsalz" am Magnesiastäbchen anschmilzt (Sparflamme des Bunsenbrenners) und sodann allmählich stärker erhitzt (volle Flamme), bis keine Gasblasen mehr aus der geschmolzenen Masse entweichen. Sodann läßt man erkalten, benetzt die Schmelze mit Kobaltonitrat- bzw. Kaliumchromatlösung[1]) und erhitzt erneut zum Glühen. Nach dem Erkalten tritt die Färbung der „Perlen" in Erscheinung.

13. Beziehungen der *Ortho-*, *Pyro-* und *Metaphosphorsäure* zueinander und zum *Anhydrid?*

2. Oxalsäure. $(COOH)_2 \cdot 2H_2O$.

$$\begin{array}{l} C{=}O \\ \ \ {-}OH \\ C{=}O \\ \ \ {-}OH \end{array}$$

Verwendung: Kaliumbioxalat (Kleesalz) $(COO)_2KH \cdot H_2O$ zum Entfernen von Rostflecken aus Geweben.

Zu untersuchen: Oxalsäure $[(COOH)_2 \cdot 2H_2O]$,
Ammoniumoxalat $[(COO)_2(NH_4)_2 \cdot H_2O]$.

1. *Oxalsäure* ist eine zweibasische organische Säure. Sie sublimiert bei vorsichtigem *Erhitzen;* bei raschem Erhitzen zerfällt

---

[1]) Um eine Verunreinigung der Lösungen zu vermeiden, gießt man zu diesem Zweck einige Tropfen der Lösungen auf ein Uhrglas.

sie (?). Wie verhält sich *Ammoniumoxalat, Kaliumoxalat, Calciumoxalat* beim trockenen Erhitzen?

Von den Oxalaten sind nur die der Alkalimetalle in Wasser leicht löslich (schwerer löslich sind die *sauren* Salze); die der meisten anderen Metalle sind schwer löslich.

2. Konz. Schwefelsäure zersetzt freie Oxalsäure und Oxalate in der Hitze unter Gasentwicklung (?), wobei keine Schwarzfärbung eintritt.

3. Calciumchlorid fällt aus der Lösung des Ammoniumoxalats weißes krystallines *Calciumoxalat* (?), löslich in Salz- und Salpetersäure (?), sehr schwer löslich in Essigsäure und Ammoniak.

4. Die abfiltrierte und gründlich mit Wasser ausgewaschene Fällung werde am Filter mit **verdünnter Schwefelsäure** behandelt (?). Das durchlaufende Filtrat entfärbt **Kaliumpermanganat** (?).

3. Weinsäure. $C_4H_4O_6H_2$.

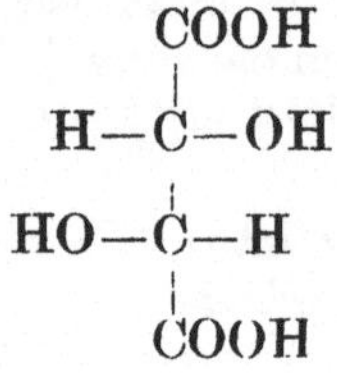

$$\begin{array}{c} COOH \\ | \\ H-C-OH \\ | \\ HO-C-H \\ | \\ COOH \end{array}$$

Verwendung: **Pharmazeutisch.** Kaliumbitartrat, Tartarus depuratus (Weinstein) $C_4H_4O_6HK$ zu Brausepulver und Backpulver; Kaliumnatriumtartrat, Tartarus natronatus (Seignettesalz) $C_4H_4O_6KNa \cdot 4\,H_2O$ als Abführmittel.

Zu untersuchen: Weinsäure ($C_4H_4O_6H_2$),
Kaliumnatriumtartrat ($C_4H_4O_6KNa \cdot 4\,H_2O$).

1. *Weinsäure* bildet durchsichtige Krystalle von saurem Geschmack, leicht löslich in Wasser und Alkohol. Sie ist eine zweibasische Säure und bildet 2 Reihen von Salzen (?). Beim *trockenen Erhitzen* entstehen unter *Schwarzfärbung brenzlige Dämpfe* (?).

2. Konz. Schwefelsäure erzeugt in der Hitze Schwarzfärbung unter Entwicklung eines stechend riechenden Gases (?).

3. Kaliumchlorid gibt mit konz. Weinsäurelösung eine weiße Fällung (?). Neutrale Tartrate geben die Reaktion erst nach Zugabe von **Essigsäure** (?).

4. Auf **Kaliumpermanganat** wirken **Weinsäure** sowie Tartrate in schwefelsaurer Lösung entfärbend (?).

5. Man versetze Seignettesalz mit überschüssigem **Silbernitrat** (?). Die entstehende Fällung wird durch **verdünntes Ammoniak** *eben* in Lösung gebracht (Überschuß ist zu vermeiden) und einige Minuten im Wasserbad[1]) erwärmt. Es entsteht ein glänzender *Silberspiegel* (?). *Empfindliche Reaktion auf Tartration.*

6. Man versetze etwas Seignettesalzlösung mit **Natronlauge** und **Kupfersulfat**. Es entsteht eine tiefblaue Lösung (?); FEHLINGsche *Lösung.*

4. Zink.

Zink: Zn = 65,38; 2. Gruppe des periodischen Systems; Ordnungszahl 30; Wertigkeit +II.

Vorkommen: Als Sulfid (Zinkblende ZnS), als Carbonat (Galmei $ZnCO_3$).

Verwendung: Als Zinkblech und zur Verzinkung von Eisenblech; zu Legierungen (Messing Zn + Cu); zu Zinkfarben (Zinkweiß ZnO, Lithopone ZnS + $BaSO_4$).
Pharmazeutisch. Zinkoxyd, Zincum oxydatum ZnO (Zinksalbe, Zinkpuder). Zinksulfat, Zincum sulfuricum $ZnSO_4 \cdot 7\,H_2O$; Zinkchlorid, Zincum chloratum $ZnCl_2$; beide als Adstringentien und zu Ätzungen.

Zu untersuchen: Zink (Zinkstangen und Zinkstaub) (Zn),
Zinksulfat ($ZnSO_4 \cdot 7\,H_2O$).

1. Bläulich-weißes Metall vom spezifischen Gewicht 6,9. Beim Liegen an der Luft überzieht sich das Metall mit einer Schicht von *basischem Carbonat* (?).

2. *Erhitzt* man festes Zinksulfat vor dem *Lötrohr* auf Kohle, so entsteht eine gelbe Färbung, die beim Erkalten wieder verschwindet (?).

3. Man bringe ein Stück metallisches Zink in eine **Kupfersulfatlösung**. Es überzieht sich allmählich mit einem schwarzen Überzug von *metallischem Kupfer* (?).

4. Mit **nicht oxydierenden Säuren** (?) entwickelt metallisches Zink *Wasserstoff* (?). Man tauche ein Stück **reines Zink** in **verdünnte Schwefelsäure**; es tritt keine Gasentwicklung ein. Umwickelt man aber das Zink mit einem **Platin**- oder **Kupferdraht**, so wird an diesem sofort Wasserstoff frei (?).

---

[1]) Man verwende ein mit destilliertem Wasser gefülltes **Becherglas** von *500 ccm Fassungsvermögen.*

5. Ein Stück Zink werde mit konz. Schwefelsäure übergossen und vorsichtig erwärmt (?). Von verdünnter, kalter Salpetersäure wird Zink unter geringer Gasentwicklung (?), von starker Salpetersäure unter heftiger Entwicklung von Oxyden des Stickstoffs (?) gelöst.

Elektrochemische Spannungsreihe der Metalle.

Zink vermag aus einer Kupfersulfatlösung metallisches Kupfer, aus einer Bleiacetatlösung metallisches Blei abzuscheiden, da es ein größeres Bestreben besitzt, in den Ionenzustand überzugehen, als Kupfer und Blei. Das Bestreben eines Metalls, Ionen zu bilden, wird Elektroaffinität genannt. Die Größe der Elektroaffinität kann durch die Messung des elektrischen Potentials (Spannung) ermittelt werden, das die Metalle in Berührung mit den Lösungen ihrer Ionen annehmen.

Ordnet man die Metalle einschließlich des Wasserstoffs nach abnehmender Elektroaffinität, so erhält man die elektrochemische Spannungsreihe der Metalle, die im folgenden wiedergegeben ist:

*Li K Na Ca Mg Al Mn Zn Cr Fe Cd Co Ni Pb Sn **H** Sb Bi As Cu Ag Hg Pt Au*
unedle Metalle   *edle Metalle*

In dieser Reihe stehen auf der linken Seite die Metalle, die besonders leicht in Ionen übergehen. Sie besitzen eine große Elektroaffinität und sind unedel. Auf der rechten Seite befinden sich dagegen die Metalle, die ein nur geringes Bestreben zeigen, Ionen zu bilden, und wenig elektroaffin sind. Sie werden Edelmetalle genannt. Bringt man ein Metall dieser Reihe mit einer Lösung in Berührung, welche Ionen eines rechts von ihm stehenden Metalles enthält, so gibt es infolge seiner größeren Elektroaffinität Elektronen an die gelösten Ionen ab und führt sie in Metall über, wobei es gleichzeitig selbst in Lösung geht. Daher vermag Zink alle Metalle von Cr bis Au aus ihrer Lösung zu verdrängen, während Kupfer nur Ag, Hg, Pt und Au abscheidet.

Der Wasserstoff nimmt in der Spannungsreihe eine Mittelstellung ein. Auch er kann von allen Metallen, die links von ihm stehen, aus H˙-Ion-haltigen Lösungen, also aus Säuren, abgeschieden werden, von den rechts stehenden Metallen dagegen nicht. Daher werden nur die unedlen Metalle von verdünnten, nicht oxydierenden Säuren gelöst, während die edlen unangegriffen bleiben. Um diese aufzulösen, ist die Verwendung oxydierender Säuren, wie Salpetersäure oder konz. Schwefelsäure, erforderlich.

Eine Ausnahme von dieser Regel macht reinstes Zink und einige andere Metalle in reiner Form. Trotzdem Zink nach der Spannungsreihe wesentlich stärker elektroaffin ist als Wasserstoff, entwickelt es aus verdünnter Schwefelsäure oder Salzsäure keinen Wasserstoff, da

*für die Abscheidung des Wasserstoffs an seiner Oberfläche eine zusätzliche Energiemenge, „Überspannung" genannt, notwendig ist, die
durch die Reaktionsenergie des Vorgangs:*

$$Zn + 2\,\overset{\cdot}{H} \rightarrow \overset{\cdot\cdot}{Zn} + H_2 + Energie$$

*nicht gedeckt werden kann. Erst wenn das Zink mit einem zweiten,
edleren Metall (z. B. Platin) in Berührung gebracht wird, setzt die
Wasserstoffentwicklung ein und das Zink geht in Lösung. Der Wasserstoff scheidet sich jetzt aber nicht am Zink, sondern am Platin ab.
Dies rührt daher, daß das Zink und das Platin mit Säure ein galvanisches Element bilden. Da sich beide Metalle in Berührung befinden, vermögen die beim Übergang des Zinks in den Ionenzustand
freiwerdenden Elektronen zum Platin zu fließen und treten von dort
auf die $\overset{\cdot}{H}$-Ionen über. Es wird also durch die Berührung des Zinks
mit dem Edelmetall der Vorgang der Wasserstoffentwicklung und der
Entstehung von $\overset{\cdot\cdot}{Zn}$-Ionen räumlich getrennt, wodurch die Wirkung der Überspannung aufgehoben wird.*

*Ungereinigtes Zink enthält immer Spuren von edleren Metallen,
die an der Oberfläche des Zinks kleine galvanische Elemente (sog.
„Lokalelemente") bilden. Es kann daher leicht von verdünnten
Säuren angegriffen werden.*

6. Alkalilaugen erzeugen in Zinksalzlösungen einen weißen,
voluminösen Niederschlag von *Zinkhydroxyd* (?), löslich im Überschuß des Fällungsmittels (?). Das *Zinkhydroxyd* ist eine
schwache Base. Gegen starke Basen (Alkalihydroxyde) aber
verhält es sich wie eine schwache Säure und bildet *Zinkate*.
Man erwärme ein Stück metallisches Zink mit **Natronlauge**.
Es geht langsam unter Gasentwicklung in Lösung (?). Was sind
amphotere Elektrolyte (Ampholyte)? In welche Ionen zerfällt
Zinkhydroxyd in Wasser?

7. Ammoniak fällt, in geringer Menge zugesetzt, *Zinkhydroxyd* (?), der geringste Überschuß von Ammoniak aber löst
den Niederschlag wieder auf (?) (Unterschied von Magnesiumsalzen). Saure oder mit Ammoniumsalzen versetzte Lösungen
von Zinksalzen werden durch Ammoniak überhaupt nicht gefällt (?) (Analogie mit Magnesiumsalzen).

8. Schwefelwasserstoff fällt aus der Lösung des Zinksulfats weißes *Zinksulfid* (?); die Fällung ist jedoch unvollständig (?). Bei Gegenwart größerer Mengen von freien Mineralsäuren (Salzsäure, Schwefelsäure) erfolgt keine Fällung; dagegen
wird aus *essigsaurer Lösung*[1]) Zink vollständig als *Zinksulfid*

---

[1]) Die Lösung muß zur „*Abstumpfung*" der entstehenden Schwefelsäure
etwas **Natriumacetat** enthalten.

abgeschieden (?). Auch aus *Zinkatlösungen* wird durch Schwefelwasserstoff Zink als Sulfid gefällt (?).

Die Entwicklung des Schwefelwasserstoffs erfolgt entweder im Kippschen *Apparat* oder in der *Schwefelwasserstofferzeugungsanlage* des Instituts durch Einwirkung von verdünnter Salzsäure auf Schwefeleisen FeS (?).

Die Fällung mit Schwefelwasserstoff erfolgt beim qualitativen Arbeiten entweder durch Einleiten des Gases mittels eines Glasrohres mit ausgezogener Spitze oder durch Zugabe von mit Schwefelwasserstoff gesättigtem Wasser (*Schwefelwasserstoffwasser*).

Vorsicht beim Arbeiten mit Schwefelwasserstoff! Schwefelwasserstoff ist giftig. Man vermeide sorgsam, größere Mengen als unbedingt notwendig, einzuatmen und halte Abzüge und Türen des Schwefelwasserstoffraumes stets geschlossen!

9. Ammoniumsulfid fällt Zink als *Zinksulfid* (?). Die Abscheidung dieses Sulfids wie der übrigen Sulfide der Metalle der Ammoniumsulfidgruppe wird gefördert durch Zusatz von Ammoniumchlorid.

Man verwende zu dieser Reaktion farbloses Ammoniumsulfid. Zur Herstellung desselben leitet man in 100 ccm 2,5%iges Ammoniak bis zur Sättigung Schwefelwasserstoff ein (nötigenfalls mehrere Stunden) und setzt sodann weitere 100 ccm 2,5%iges Ammoniak hinzu. Die Mischung ist gut verschlossen aufzubewahren.

10. Kaliumferrocyanid $K_4[Fe(CN)_6]$ gibt einen weißen, manchmal durch geringe Verunreinigungen etwas blaugrün erscheinenden Niederschlag (?), der in verdünnten Mineralsäuren schwer löslich ist.

5. Aluminium.

Aluminium: Al $= 26{,}97$; 3. Gruppe des periodischen Systems; Ordnungszahl 13; Wertigkeit $+$III.

Vorkommen: Als Silicat (Feldspat z. B. $KAlSi_3O_8$, Kaolin $Al_2Si_2O_7 \cdot 2\,H_2O$, Ton), als Oxyd [Korund, Rubin, Saphir (sämtliche Al_2O_3), Bauxit $AlO(OH)$], als Fluorid (Kryolith $Na_3[AlF_6]$), als Phosphat (Türkis $AlPO_4 \cdot Al(OH)_3 \cdot H_2O$).

Verwendung: Als Werkstoff (Kochgeschirr); zu Leichtmetallegierungen [Duraluminium Al(95%) $+$ Cu $+$ Mg $+$ Mn]. Als Reduktionsmittel beim *Thermitverfahren.*
Pharmazeutisch. Aluminiumacetatlösung, Liquor Aluminii acetici (essigsaure Tonerde); Kaliumaluminiumsulfat, Alumen (Alaun) $KAl(SO_4)_2 \cdot 12\,H_2O$; beide als Antiseptica und Adstringentien. Wasserhaltiges Aluminiumsilicat, Bolus alba $H_2Al_2(SiO_4)_2 \cdot H_2O$ zur Verhinderung pathologischen Bakterienwachstums; synthetisches Aluminiumsilicat (Neutralon) $Al_2Si_6O_{15} \cdot 2\,H_2O$ gegen Hyperacidität.

Zu untersuchen: Aluminiumpulver (Al),
Aluminiumsulfat $[Al_2(SO_4)_3 \cdot 18\,H_2O]$.

1. Aluminium ist ein silberweißes, dehnbares Metall vom spezifischen Gewicht 2,7. Von Wasser wird es, auch beim Kochen, praktisch nicht angegriffen (?); in verdünnter Salzsäure und auch in Natronlauge löst es sich unter *Wasserstoffentwicklung* (?); in Salpetersäure ist es praktisch unlöslich.

2. Aus den Lösungen der Aluminiumsalze fällt Ammoniak einen farblosen, flockigen Niederschlag (?), der im Überschuß des Fällungsmittels nur in geringem Maße löslich ist; man prüfe den Einfluß von Ammoniumchlorid auf die Löslichkeit. *Aluminiumhydroxyd* ist im frisch gefällten Zustand (?) in verdünnten Säuren leicht löslich (?).

3. *Aluminiumhydroxyd* ist eine sehr schwache Base; daher erleiden die Aluminiumsalze in wäßriger Lösung *Hydrolyse* (?). Reaktion der wäßrigen Aluminiumsulfatlösung?

4. Alkalihydroxyde fällen gleichfalls *Aluminiumhydroxyd* (?), lösen es aber, im Überschuß zugesetzt, leicht wieder unter Bildung von *Aluminaten* auf (?). Neutralisiert man die alkalische Lösung durch Säure, so fällt das Hydroxyd wieder aus (?); ein Überschuß an Säure bringt es sofort wieder in Lösung (?). Starken Basen gegenüber verhält sich Aluminiumhydroxyd wie eine Säure, Säuren gegenüber wie eine Base. Vergleiche hiermit das Verhalten des Zinkhydroxyds! In welche Ionen zerfällt Aluminiumhydroxyd in Wasser?

5. Dinatriumphosphat fällt voluminöses *Aluminiumphosphat* (?), löslich in Alkalihydroxyden (?), schwer löslich in Essigsäure und Ammoniak.

6. Man versetze eine gesättigte Aluminiumsulfatlösung mit einer gesättigten Kaliumsulfatlösung und lasse über Nacht stehen. Es entstehen Krystalle von *Kaliumaluminiumalaun* (?). *Alaune* sind *Doppelsalze*, die Aluminium oder ein anderes dreiwertiges Metall, wie Eisen oder Chrom sowie ein einwertiges Metall (Alkalien, Ammoniumion) an Sulfat gebunden enthalten.

7. *Farbreaktionen.* Man versetze eine stark verdünnte essigsaure Aluminiumsulfatlösung mit einer methylalkoholischen Lösung von Morin[1]). Es tritt grüngelbe *Fluorescenz* auf.

---

[1]) Morin (Tetraoxyflavonol) ist ein Pflanzenfarbstoff von der Formel:

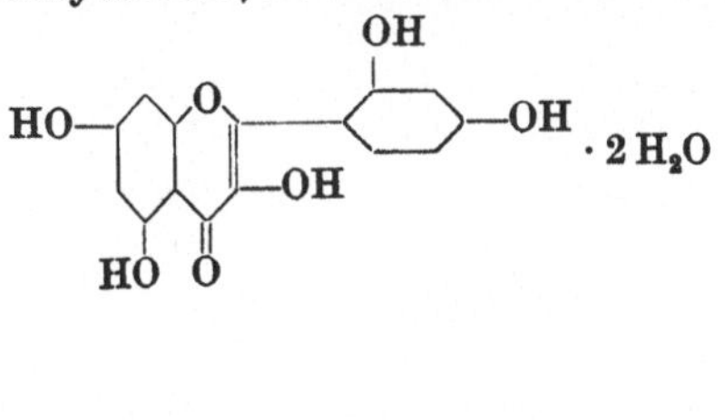

$$\text{HO}\!-\!\!\!\bigotimes\!\!\!\overset{\text{O}}{\underset{\text{OH}}{\bigotimes}}\!\!\!-\!\!\!\overset{\text{OH}}{\bigotimes}\!\!\!-\!\text{OH} \cdot 2\,H_2O$$

8. Etwas stark verdünnte Aluminiumsalzlösung versetze man mit einer Lösung von **alizarinsulfosaurem Natrium**[1]), mache mit **Ammoniak** alkalisch, wobei eine violette Färbung auftritt und säure sodann mit **Essigsäure** an, bis die violette Farbe in rot oder gelbrot umschlägt. Es entsteht eine schwer sichtbare rote Fällung, die sich beim kräftigen Durchschütteln mit **Chloroform** in Form eines roten feinflockigen Niederschlags an der Grenzschicht zwischen Chloroform und Wasser abscheidet; gut erkennbar nach 10—15, Minuten. Man führe in der gleichen Weise einen „Blindversuch" aus, wobei man an Stelle der Aluminiumsulfatlösung *destilliertes Wasser* verwendet (?).

9. *Aluminiumoxyd.* Das gefällte *Aluminiumhydroxyd* gibt beim *Erhitzen* leicht Wasser ab (?). Durch heftiges Glühen über dem Gebläse wird das sonst in Säuren leicht lösliche Aluminiumoxyd praktisch unlöslich (?). Den feingepulverten Glührückstand schmelze man im Porzellantiegel mit der etwa 10fachen Menge **Kaliumpyrosulfat** $K_2S_2O_7$ (Abzug; allmähliche Steigerung der Temperatur) bis die Schmelze durchsichtig ist. Die erkaltete Schmelze wird in heißem Wasser aufgenommen, nötigenfalls filtriert und mit **Ammoniak** versetzt (?). *Aufschluß schwer löslicher Oxyde.*

10. Setzt man einer Aluminiumsalzlösung gleiche Mengen einer gesättigten **Weinsäure**- oder **Seignettesalzlösung** zu, so wird das Aluminium weder durch Alkalien, noch durch Ammoniak gefällt (?). Um es in einer solchen Lösung nachweisen zu können, wird die organische Substanz durch *gelindes Glühen* der eingedampften Lösung oder durch „*Abrauchen" mit konz. Schwefelsäure* zerstört und im Rückstand Aluminium durch die bekannten Reaktionen nachgewiesen.

---

[1]) **Alizarinsulfosaures Natrium**, auch **Alizarin S** genannt, besitzt die Formel:

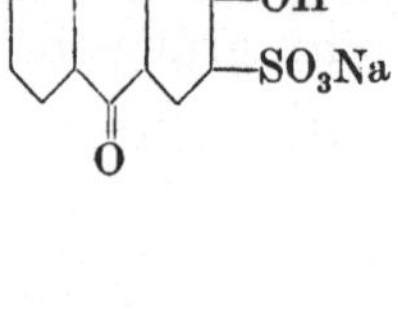

$$\text{Alizarin S}$$

6. Chrom.

Chrom: Cr = 52,01; 6. Gruppe des periodischen Systems; Ordnungszahl 24; Wertigkeit (+ II), + III, (+V), +VI.

Vorkommen: Als Chromit [Chromeisenstein $Fe(CrO_2)_2$], als Chromat (Rotbleierz $PbCrO_4$).

Verwendung: Zur Verchromung von Metallen; zu Legierungen (Chromstahl Fe + Cr, V2A-Stahl Fe + Cr + Ni); zu Chromfarben (Chromgelb $PbCrO_4$, Guignets Grün $2 Cr_2O_3 \cdot 3 H_2O$). Zu Chrombeizen in der Färberei und Gerberei [Chromalaun $KCr(SO_4)_2 \cdot 12 H_2O$ u. a.]. *Pharmazeutisch.* Chromtrioxyd, Acidum chromicum CrO_3 als Ätzmittel.

Zu untersuchen: Kaliumdichromat $(K_2Cr_2O_7)$,
Kaliumchromat (K_2CrO_4).

Chromiverbindungen. 1. Man erhitze in einer Porzellanschale eine Lösung von Kaliumchromat mit verdünnter Salzsäure und Alkohol, bis die Farbe der Flüssigkeit grün ist (?) und vertreibe den überschüssigen Alkohol durch Kochen[1]). Mit der erhaltenen Lösung führe man folgende Reaktionen aus.

2. Natronlauge erzeugt einen graugrünen Niederschlag (?), der im Überschuß des Fällungsmittels leicht löslich ist (?). Beim Kochen der alkalischen Lösung tritt wieder Fällung ein (?).

3. Mit Ammoniak entsteht ebenfalls eine graugrüne Fällung (?), die aber im Überschuß nur wenig löslich ist. Man filtriere die mit großem Überschuß an Ammoniak behandelte Fällung ab und erhitze das Filtrat bis zum Verschwinden des Ammoniaks (?).

4. *Chromioxyd.* Der nach Absatz 3 erhaltene Filterrückstand wird nach dem Trocknen im Porzellantiegel über dem Gebläse stark geglüht. Nach dem Erkalten prüfe man die Löslichkeit in Säuren (?). In Säuren unlösliches geglühtes *Chromioxyd* (und andere unlösliche Chromverbindungen) lassen sich durch *Schmelzen* mit Kaliumpyrosulfat (?) oder sicherer mit Salpeter und Kaliumnatriumcarbonat (?) aufschließen. Die Schmelze enthält das Chrom als wasserlösliches *Chromisulfat* bzw. als *Alkalichromat.*

5. Ammoniumsulfid verursacht vollständige Fällung des Chroms als Hydroxyd (?).

6. Beim Erwärmen der alkalischen Lösung von Chromihydroxyd mit einem Oxydationsmittel (Wasserstoffperoxyd) ent-

---

[1]) Um Feuergefahr durch plötzliche Entzündung der Alkoholdämpfe zu vermeiden, bringt man den Alkohol von vornherein zur Entzündung. Die *Flamme des Bunsenbrenners* wird dann beim weiteren Eindampfen so eingestellt, daß die Alkoholflamme nicht zu groß wird (,,Abbrennen" des Alkohols).

steht eine Gelbfärbung (?); in dieser Lösung läßt sich uas Chrom nicht durch obige Reaktionen nachweisen.

Chromate. 7. Die gelbe Lösung des Kaliumchromats wird durch Säuren (z. B. Salzsäure) gelbrot gefärbt (?). Zusatz von **Alkalicarbonaten, Alkalihydroxyden oder Ammoniak** führt zur gelben Farbe zurück (?).

8. Man versetze eine Lösung von Kaliumdichromat einmal mit **Bariumchlorid** (?), zum andern mit **Bleiacetat** (?) und prüfe die Löslichkeit der abfiltrierten Niederschläge in verdünnter Salpetersäure, Salzsäure, Schwefelsäure und in Natronlauge (?). Das Filtrat enthält im einen Fall noch Chromat (?). Auf Zugabe von **Ammoniak** tritt vollständige Fällung ein (?).

9. **Silbernitrat** bildet mit Kaliumchromat eine braunrote Fällung (?); löslich in Salpetersäure (?) und Ammoniak (?). Auf Zusatz von **Kaliumchlorid** wird der Niederschlag weiß (?).

10. **Konz. Schwefelsäure** erzeugt in konzentrierten Lösungen von Chromaten und Dichromaten eine grobkrystalline rote Fällung (?), löslich im Überschuß des Fällungsmittels (?). Reinigende Wirkung der *Chromschwefelsäure?*

11. Eine fein gepulverte Mischung von **Kaliumchlorid** und *Kaliumdichromat* werde im Reagensglas mit **konz. Schwefelsäure** erhitzt[1]); die entstehenden rotbraunen Dämpfe von *Chromylchlorid* (?) leite man in wenig ($^1/_2$ ccm) verdünnte Natronlauge ein. Es bildet sich eine gelbe Lösung (?), die nach dem Ansäuern mit Essigsäure auf Zugabe von **Bleiacetat** einen Niederschlag ausscheidet (?). Was versteht man unter *Säurechloriden*, und welches Verhalten zeigen diese gegen **Wasser?** Aufzählung einiger Säurechloride (?).

12. Man versetze einen Tropfen Kaliumchromatlösung mit **verdünnter Schwefelsäure,** überschichte mit **Äther** und füge etwas **Wasserstoffperoxyd** hinzu. Die unter dem Äther befindliche Flüssigkeit nimmt zunächst eine tiefblaue Farbe an (?), die beim Schütteln in den Äther übergeht. Die *blaue Perchromsäure* ist sehr unbeständig und zersetzt sich, besonders in wäßriger Lösung bei Gegenwart von überschüssigem Wasserstoffperoxyd rasch unter Sauerstoffentwicklung und Bildung von grünem *Chromisulfat* (?).

13. **Schwefelwasserstoff** erzeugt in neutraler oder alkalischer Lösung des Chromats einen schmutziggrünen, in angesäuerter Lösung einen gelblichweißen Niederschlag (?).

---

[1]) Vor dem Erhitzen verrühre man die Mischung gründlich mit einem Glasstab, da sonst das Reagensglas leicht zerspringt.

Tabelle 3. Verbindungen des Chroms mit Sauerstoff.

Oxyde	Formel	Farbe	Hydrate	Chemischer Charakter	Wertigkeit des Chroms	Salze
(Chromo-oxyd CrO)	(Cr=O)	—	$Cr\!<^{OH}_{OH}$	Base	II	Chromosalze (blau)
Chromioxyd Cr_2O_3	$Cr\!<^O_O\ Cr\!<^O_O$	grün	$Cr\!\!-\!\!OH$ mit OH, OH	Amphoter	III	Chromisalze, Chromite (grün oder violett)
Chromtrioxyd CrO_3	$Cr\!\!\ll^O_O$	rot	Cr mit OH, O, O, OH	Säure	VI	Chromate (gelb)
			Cr mit OH, O, O, O / Cr mit O, OH	Säure	VI	Dichromate (gelbrot)
Chromperoxyd	$O_2Cr\!\!=\!\!O$ mit O, O	blau	Cr mit OH, O, O, O, OH	Salz	VI	Perchromate (blau)

In der rechten Tabellenhälfte verlaufen senkrecht die Pfeile: *Zunehmender Säurecharakter* (aufwärts) und *Zunehmender Basencharakter* (abwärts).

7. Mangan.

Mangan: Mn = 54,93; 7. Gruppe des periodischen Systems; Ordnungszahl 25; Wertigkeit +II, (+III), +IV, (+VI), +VII.

Vorkommen: Als Oxyd (Braunstein, Pyrolusit MnO_2, Hausmannit Mn_3O_4); vielfach zusammen mit Eisenerzen.

Verwendung: Zu Legierungen (Spiegeleisen, Ferromangan; beide Fe + Mn). *Pharmazeutisch.* Kaliumpermanganat, Kalium permanganicum $KMnO_4$ als Desinfektionsmittel (Gurgelwasser), gegen Vergiftungen (Schlangengift).

Zu untersuchen: Manganosulfat $(MnSO_4 \cdot 4\,H_2O)$, *Kaliumpermanganat* $(KMnO_4)$.

1. Das grau glänzende, metallische *Mangan* ist leicht löslich in verdünnten Säuren, wobei Manganosalze gebildet werden.

Manganoverbindungen (*man verwende zu folgenden Reaktionen eine verdünnte Lösung von Manganosulfat*). **2.** Durch Alkalihydroxyde wird weißes, voluminöses *Manganohydroxyd* gefällt (?), das im Überschuß des Fällungsmittels praktisch unlöslich ist und sich an der Luft allmählich braun färbt (?).

3. Mit Ammoniak erfolgt eine nur teilweise Fällung (?), die sich in Ammoniumsalzen auflöst (?) (Analogie mit ?). Man versetze Manganosulfat zuerst mit Ammoniumchlorid und dann mit Ammoniak und lasse die klare Lösung einige Zeit an der Luft stehen. Es entsteht eine braune Fällung (?).

4. Dinatriumphosphat fällt weißes *Manganophosphat* (?), löslich in Säuren (?); aus der sauren Lösung wird durch Ammoniak ein krystalliner Niederschlag von *Manganoammoniumphosphat* ausgeschieden (?). Er besitzt *charakteristische Krystallform* (Analogie mit ?). Der Niederschlag wird an der Luft allmählich bräunlich (?).

5. Ammoniumsulfid fällt amorphes fleischfarbenes (manchmal auch grünlich-graues) *Manganosulfid* (?), unlöslich in Ammoniak und Ammoniumsalzen, leicht löslich in verdünnten Säuren, auch in Essigsäure (?). Feucht an der Luft stehend, wird es braun und gibt an Wasser Manganosalz ab (?).

Verbindungen des vierwertigen Mangans. **6.** Man versetze eine Ammoniumchlorid-haltige ammoniakalische Lösung von Manganosulfat zum einen Teil mit Wasserstoffperoxyd (?), zum anderen mit Kaliumpermanganat (?).

7. Das *Mangandioxydhydrat* ist in Halogenwasserstoffsäuren (?) sowie in schwefliger Säure (?) löslich, schwer löslich in nicht reduzierend wirkenden Säuren und in Alkalilaugen.

Manganate. **8.** Schmilzt man festes Manganosulfat (auch jede andere Manganverbindung ist verwendbar) mit der etwa 10fachen Menge eines Gemisches von Kaliumnatriumcarbonat und Kaliumnitrat (Mischungsverhältnis: etwa 2 Teile $KNO_3 + 8$ Teile $KNaCO_3$) in einem Porzellantiegel, so entsteht eine tief dunkelgrün gefärbte Schmelze (?), die in wenig Wasser mit grüner Farbe löslich ist. — Man führe die *Oxydationsschmelze* auch am Magnesiastäbchen aus.

9. Bei Zugabe von wenig verdünnter Schwefelsäure zu der grünen Lösung der Schmelze färbt sich dieselbe violett, unter gleichzeitiger Abscheidung eines braunen Niederschlages (?); deutlich erkennbar nach Filtration der Lösung. Gibt man mehr

Schwefelsäure zu, so verschwindet die Färbung unter gleichzeitiger Auflösung des Braunsteins und man erhält eine klare Lösung (?).

Disproportionierung.

Versetzt man die Lösung eines Manganats bis zum Verschwinden der alkalischen Reaktion mit Säure, so wird es in Permanganat und unlösliches Mangandioxydhydrat gespalten. Das $+VI$-wertige Mangan geht also in $+VII$-wertiges und $+IV$-wertiges Mangan über:

$$\overset{+VI}{3\,K_2MnO_4} + 2\,H_2SO_4 \rightarrow \overset{+VII}{2\,KMnO_4} + \overset{+IV}{MnO(OH)_2} + 2\,K_2SO_4 + H_2O.$$

Eine derartige Umwandlung einer mittleren Oxydationsstufe in eine höhere und eine niedrigere nennt man Disproportionierung oder Oxydoreduktion. Disproportionierungen können bei Verbindungen auftreten, die ein Element mittlerer Wertigkeitsstufe enthalten, welches das Bestreben hat, die instabile, mittlere Wertigkeit gegen eine stabile, höhere und niedrigere Wertigkeit auszutauschen. Bei einer Disproportionierung ist stets die Summe der Wertigkeiten des betreffenden Elements in den neugebildeten Stoffen gleich der Wertigkeit in dem Ausgangsstoff.

Die Aufstellung der Reaktionsgleichung erfolgt bei Disproportionierungen nach folgendem Schema:

$$\overset{+VI}{K_2MnO_4}\nearrow \overset{+VII}{KMnO_4} \quad \cdot\,\cdot\,\cdot \;\; \textit{Wertigkeitsänderung:}\; +1\,\textit{Wertigkeit}$$
$$\searrow \overset{+IV}{MnO(OH)_2} \;\cdot\,\cdot\;\; \textit{Wertigkeitsänderung:}\; -2\,\textit{Wertigkeiten}$$

Es müssen demnach bei der Bildung von 1 Molekel $MnO(OH)_2$ jeweils 2 Molekeln $KMnO_4$ entstehen. Dabei werden 3 Molekeln K_2MnO_4 verbraucht.

Die Summe der Wertigkeiten des Mangans beträgt:

vor der Reaktion:	*nach der Reaktion:*
$3\,K_2MnO_4\colon 3\cdot(+VI)=18\,\textit{Wertigkeiten}$	$2\,KMnO_4\colon 2\cdot(+VII)=14\,\textit{Wertigkeiten}$
	$1\,MnO(OH)_2\colon 1\cdot(+IV)=\underline{4\,\textit{Wertigkeiten}}$
$\underline{18\,\textit{Wertigkeiten}}$	$\underline{18\,\textit{Wertigkeiten}}$

Permanganate. 10. Die Permangansäure und ihre Salze sind *starke Oxydationsmittel.* Die Oxydationswirkung ist am stärksten in saurer, schwächer in alkalischer und neutraler Lösung. Wieviel Äquivalente Sauerstoff werden in beiden Fällen abgegeben?

Tabelle 4. Verbindungen des Mangans mit Sauerstoff.

Oxyde	Formel	Farbe	Hydrate	Chemischer Charakter			Wertigkeit des Mangans	Salze
Manganooxyd	$Mn{=}O$	graugrün	$Mn{<}^{OH}_{OH}$	Base	↑ Zunehmender Säurecharakter	↓ Zunehmender Basencharakter	II	Manganosalze (rosa)
Manganioxyd Mn_2O_3	$Mn\langle^O_O\rangle Mn$	braunschwarz	$Mn{-}OH$ mit OH, OH	Base			III	Manganisalze (rotviolett)
Manganomanganit Mn_3O_4	$O{=}Mn{-}O{-}Mn{-}O{-}Mn{=}O$	braun	$Mn{<}^{OH}_{OH}$ und $Mn{<}^{OH,OH}_{OH,OH}$	Salz			II und IV	
Braunstein MnO_2	$Mn{<}^O_O$	braunschwarz	$Mn{<}^{OH,OH}_{OH,OH}$ und $Mn{=}^{OH}_{O,OH}$	Amphoter			IV	Manganite, Mangan IV-Salze bzw. Komplexverbindungen des IV-wertigen Mangans
Mangantrioxyd MnO_3	$Mn{\equiv}^O_{O,O}$	rot, unbeständig	$Mn{<}^{OH,O}_{O,OH}$	Säure			VI	Manganate (grün)
Manganheptoxyd Mn_2O_7	$Mn{\lll}^{O,O}_{O,O}$, $Mn{\lll}^{O,O}_{O,O}$	braune, ölige Flüssigkeit; violette Dämpfe	$Mn{\lll}^{O,O}_{O,OH}$	Säure			VII	Permanganate (violett)

---

[1]) Auch die Formel des gemischten Mangan II, III-oxyds wird angegeben: $O{=}Mn{-}O{-}Mn{-}O{-}Mn{=}O$.

11. Zur *Reduktion des Kaliumpermanganats* werde eine Probe mit verdünnter Salzsäure, eine zweite mit verdünnter Schwefelsäure und Wasserstoffperoxyd, eine dritte mit verdünnter Schwefelsäure und Ammoniumoxalat versetzt (?). Man führe die Reduktion mit Wasserstoffperoxyd und Ammoniumoxalat auch in alkalischer Lösung bei Anwesenheit von Natronlauge aus, wobei gelinde zu erwärmen ist (?), und achte auf die dabei auftretenden Farbänderungen (?).

Versetzt man Kaliumpermanganat mit Natriumcarbonat und Alkohol, so fällt beim Erwärmen ein brauner Niederschlag aus und die überstehende Flüssigkeit wird entfärbt (?).

13. Man erwärme eine geringe Menge Manganosulfat im Reagensglas mit 1—2 g Bleidioxyd und konz. Salpetersäure 2 Minuten lang zum Sieden (Abzug!), verdünne mit Wasser und lasse absitzen. Die überstehende Lösung zeigt eine violette Färbung (?). *Sehr empfindliche Reaktion auf alle Manganverbindungen.*

8. Eisen.

Eisen: Fe = 55,85; 8. Gruppe des periodischen Systems; Ordnungszahl 26; Wertigkeit +II, +III, (+VI).

Vorkommen: Gediegen (in Meteoreisen, selten tellurisch). Gebunden als Oxyd (Magneteisenerz, Magnetit Fe_3O_4, Roteisenerz, Hämatit Fe_2O_3), als Hydroxyd [Brauneisenerz, Limonit $Fe(OH)_3$], als Carbonat (Eisenspat $FeCO_3$), als Sulfid (Pyrit, Markasit FeS_2). In geringer Menge im Ackerboden, in vielen Quell- und Oberflächenwässern, in Mineralquellen.

Biologische Bedeutung: Bestandteil des Blutfarbstoffs *Hämoglobin*, des WARBURGschen Atmungsfermentes und der Cytochrome. *Chlorose* der Pflanzen bei Eisenmangel.

Verwendung: Als Werkstoff (Gußeisen, Schmiedeeisen, Stahl); in eisenhaltigen Tinten.
Pharmazeutisch. Metallisches Eisen, Ferrum pulveratum und Ferrum reductum; Ferrosulfat, Ferrum sulfuricum (Eisenvitriol) $FeSO_4 \cdot 7\,H_2O$; Ferrichloridlösung, Liquor Ferri sesquichlorati $FeCl_3$; Ferrum oxydatum saccharatum; Ferrum carbonicum cum Saccharo und andere Präparate gegen Anämie.

Zu untersuchen: Ferrosulfat ($FeSO_4 \cdot 7\,H_2O$),
Kaliumferrocyanid ($K_4[Fe(CN)_6] \cdot 3\,H_2O$),
Ferrichlorid ($FeCl_3 \cdot 6\,H_2O$).

1. *Eisen* ist im reinen Zustand ein silberweißes Metall vom spezifischen Gewicht 7,9, das vom Magnet angezogen wird. Beim *Erhitzen in der Oxydationsflamme* überzieht es sich mit einer schwarzen Kruste (?). In Mineralsäuren ist Eisen leicht löslich. Mit nicht oxydierenden Säuren (?) entwickelt das technische Eisen *Wasserstoff* (?), der durch beigemengte Verunreinigungen einen widerlichen Geruch besitzt.

Ferrosalze (*zu den folgenden Versuchen verwende man eine bei gewöhnlicher Temperatur frisch bereitete Lösung von Ferrosulfat*). **2. Alkalihydroxyde** erzeugen einen voluminösen Niederschlag (?), der zunächst grünlich-weiß ist, aber rasch schmutzig-grün und beim Stehen an der Luft allmählich rotbraun wird (?). Man koche einen Teil der Mischung in einer Porzellanschale; der Niederschlag wird schwarz und pulverig (?).

3. Durch Ammoniak wird die Lösung gleichfalls grünlich-weiß gefällt (?). Die Fällung ist nicht vollständig (?). Die filtrierte Flüssigkeit enthält noch Ferrosalz, wird beim Stehen an der Luft rotbraun getrübt und läßt allmählich alles Eisen als *Ferrihydroxyd* fallen (?). Vergleiche hiermit das Verhalten der Manganosalze.

4. Schwefelwasserstoff verändert Ferrosalze in saurer Lösung nicht, während neutrale Lösungen einen geringen Niederschlag bilden (?). **Ammoniumsulfid** fällt einen schwarzen Niederschlag (?). Die Abscheidung wird gefördert durch Zusatz von **Ammoniumchlorid.**

5. Ammoniumrhodanid NH_4SCN färbt Ferrosalzlösungen, welche frei von Ferrisalz sind, nicht; an der Luft wird die mit etwas **Salzsäure** angesäuerte Lösung allmählich rot (?).

6. Die Ferrosalze gleichen in vielen Eigenschaften den *Magnesium-, Zink-* und *Manganosalzen.* Während aber die Manganosalze an der Luft beständig sind, nehmen die Ferrosalze Sauerstoff auf. Ferrosulfat geht z. B. in *basisches Ferrisulfat* über (?).

Kaliumferrocyanid (*Ferrocyankalium, gelbes Blutlaugensalz*). **7. Mit Kaliumcyanid**[1]) gibt Ferrosulfat einen rotbraunen Niederschlag (?), der sich im Überschuß des Fällungsmittels beim Erwärmen wieder auflöst (?). Die Lösung gibt nicht mehr die Reaktionen der Ferrosalze. Man prüfe ihr Verhalten gegen Natronlauge, Ammoniak, Ammoniumsulfid (?). Welche Ionen enthält die Lösung?

---

[1]) **Vorsicht!** Sehr starkes Gift! Cyanidhaltige Lösungen sind sorgsam in einen Ausguß unter dem Abzug zu entleeren. Man läßt **vorher** (?) und **nachher** viel Wasser laufen und hält den Abzug geschlossen!

8. Eine mit verdünnter Salzsäure angesäuerte Lösung[1] **von Kaliumferrocyanid** werde mit **Ferrichlorid** versetzt; es entsteht eine blaue Fällung (?); *Berlinerblau.* Die Ferrocyanwasserstoffsäure bildet mit vielen Metallen schwer lösliche Salze. Man versetze eine **salzsaure Lösung von Ferrocyankalium** mit Lösungen von **Zink-, Mangan- und Kupfersalzen** (?); desgleichen eine **salpetersaure** (?) Ferrocyankaliumlösung mit **Silbernitrat und Bleiacetat** (?). Mit **Ferrosalzen** entsteht ein bläulich-weißer, an der Luft oder durch Oxydationsmittel blau werdender Niederschlag (?).

9. Verhalten des Ferrocyankaliums beim Erhitzen mit verdünnter Schwefelsäure (?), **mit konz. Schwefelsäure** (?), **beim Glühen** (?).

Komplexverbindungen.

Vermischt man Ferrosulfat mit Kaliumcyanid, so entsteht bei richtiger Wahl der Mengenverhältnisse eine Lösung, die weder die Reaktionen des $Fe^{\cdot\cdot}$-Ions noch die des CN'-Ions gibt. Die Lösung kann also die beiden Ionen nicht oder nur in so geringer Konzentration enthalten, daß die Empfindlichkeit der üblichen Reaktionen nicht ausreicht, um sie nachzuweisen. Die Ursache dafür ist die, daß die Fe - und CN'- Ionen zu einer neuen Verbindung, dem Ferrocyanion zusammengetreten sind, das durch andere Eigenschaften ausgezeichnet ist, als die ursprünglichen Ionen:

$$Fe^{\cdot\cdot} + 6\,CN' \rightarrow [Fe(CN)_6]''''.$$

Das Ferrocyanion $[Fe(CN)_6]''''$ ist ein Komplexion; es ist ein Bestandteil des Komplexsalzes Kaliumferrocyanid.

Allgemein bezeichnet man als Komplexionen solche Ionen, die durch Vereinigung verschiedenartiger einfacher Ionen oder durch Anlagerung elektrisch neutraler Atomgruppen (z. B. H_2O, NH_3, NO) an einfache Ionen entstehen. Sie werden zum Unterschied von anderen Atomgruppen, die durch runde Klammern umschlossen sind, durch eckige Klammern bezeichnet. Salze, die ein oder mehrere Komplexionen enthalten, werden Komplexsalze genannt.

In einem Komplexion bezeichnet man das Atom, das durch Anlagerung anderer Ionen oder Molekeln in einen Komplex übergeführt wurde, als Zentralatom. Es ist in symmetrischer Anordnung räumlich umgeben von den übrigen Bestandteilen des Kom-

---

[1] Man verwende für die folgenden Versuche eine aus käuflichem Kaliumferrocyanid bereitete Lösung, nicht die selbst hergestellte Lösung (?).

plexes, wobei die Bindung nicht wie bei den einfachen Verbindungen durch Hauptvalenzen (schlechthin Valenzen genannt), sondern durch Nebenvalenzen, auch Partialvalenzen genannt, erfolgt. Die Anordnung wird durch Konstitutionsformeln nach dem folgenden Schema ausgedrückt:

$$\begin{bmatrix} & CN & \\ CN & & CN \\ & Fe & \\ CN & & CN \\ & CN & \end{bmatrix} K_4; \qquad \begin{bmatrix} & NH_3 & \\ NH_3 & & NH_3 \\ & Zn & \\ NH_3 & & NH_3 \\ & NH_3 & \end{bmatrix} SO_4.$$

Kaliumferrocyanid   Zinkhexamminsulfat

Die Anzahl der neben dem Zentralatom im Komplex befindlichen Ionen oder Molekeln beträgt in den meisten Fällen 2, 4 oder 6, in selteneren Fällen auch 3 und 8. Sie ist für das komplexbildende Metall charakteristisch und wird als Koordinationszahl oder koordinative Wertigkeit bezeichnet. Die Koordinationszahl 4 besitzen z. B. $Cu^{..}$, $Cd^{..}$, die Koordinationszahl 6 haben $Cr^{...}$, $Fe^{..}$ $Fe^{...}$, $Co^{...}$, $Ni^{..}$, $Zn^{..}$, $Cd^{..}$.

Für die Ableitung der Wertigkeit eines Komplexions und seines Ladungssinnes (Kation oder Anion) gilt die Gesetzmäßigkeit, daß die Wertigkeit des Komplexions stets gleich der Summe der Wertigkeiten seiner Bestandteile ist. Enthält also der Komplex neben dem Zentralatom nur elektrisch neutrale Atomgruppen, so besitzt er die Wertigkeit und den Ladungssinn des Zentralatoms. Ist das Zentralatom dagegen mit negativen Ionen verbunden, so ist die Wertigkeit, evtl. auch der Ladungssinn des Komplexes gegenüber dem Zentralatom verändert. Beispiele:

Beispiel a: $[Ag(NH_3)_2]^{.}$ Ag . . . . $1\,(+)$ *Summe:* $1\,(+)$
                          $2\,NH_3$ . . . . . . $2\,(0)$

Der Komplex ist +1-wertig (Kation).

Beispiel b: $[Fe(CN)_6]^{''''}$ $Fe^{..}$ . . . . $2\,(+)$ *Summe:* $4\,(-)$
                          $6\,CN'$ . . . . . $6\,(-)$

Der Komplex ist −4-wertig (Anion).

Beispiel c: $[Cr(NH_3)_4Cl_2]^{.}$ $Cr^{...}$ . . . . $3\,(+)$
                          $4\,NH_3$ . . . . . $4\,(0)$ *Summe:* $1\,(+)$
                          $2\,Cl'$ . . . . . $2\,(-)$

Der Komplex ist +1-wertig (Kation).

Durch bestimmte analytische Maßnahmen gelingt es, die Bindungen im Komplexion unter Rückbildung der den Komplex zusammensetzenden Einzelionen zu zerstören; aber auch schon in wäßriger Lösung findet eine geringfügige Dissoziation des Komplexions in seine Komponenten statt, deren Grad von der Festigkeit (= Beständigkeit) des Komplexes abhängt. Bei Kaliumferrocyanid gilt das Schema:

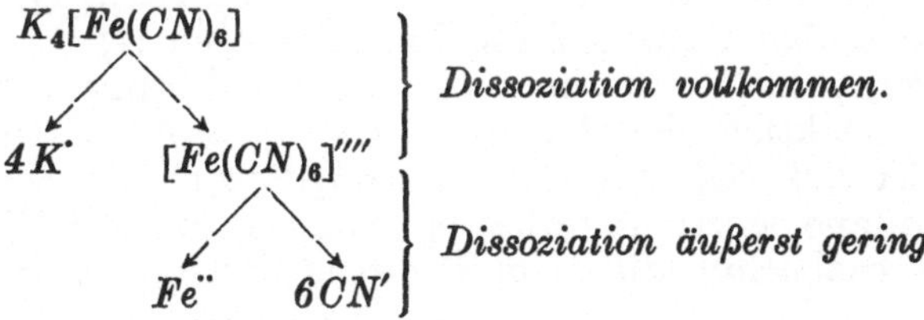

Je nach dem Grad der Dissoziation des Komplexes unterscheidet man zwischen beständigen (starken) Komplexen (geringe Dissoziation) und wenig beständigen (schwachen) Komplexen (weitgehende Dissoziation). Die für die Dissoziation des Komplexions geltende Gleichgewichtskonstante bildet einen Maßstab für die Beständigkeit des Komplexes; Beständigkeitskonstante komplexer Verbindungen.

Die Neigung der Metalle, Komplexverbindungen zu bilden, nimmt in der elektrolytischen Spannungsreihe von links nach rechts zu. Sie ist also um so größer, je geringer ihre Elektroaffinität ist. Die rechtsstehenden Edelmetalle besitzen die Fähigkeit der Komplexbildung im höchsten Grade, während von den linksstehenden Metallen (unedlen Metallen) keine Komplexverbindungen bekannt sind.

Doppelsalze. *Im Gegensatz zu den Komplexsalzen stehen die Doppelsalze, die in ähnlicher Weise wie die Komplexsalze durch Vereinigung mehrerer Ionenarten entstehen. Sie unterscheiden sich aber von den letzteren dadurch, daß sie in wäßriger Lösung vollkommen in ihre einzelnen Ionen zerfallen sind.*

Beispiel: Elektrolytische Dissoziation des Alauns:

$$KAl(SO_4)_2 \rightarrow K^{\cdot} + Al^{\cdots} + 2\,SO_4''.$$

Die Lösung eines Doppelsalzes verhält sich also analytisch genau so wie die Mischung der an seinem Aufbau beteiligten Ionen. Erst beim Eindampfen oder Abkühlen krystallisiert das Doppelsalz als einheitliche chemische Verbindung aus seiner Lösung aus.

Ferrisalze. 10. Man versetze Ferrosulfat mit verdünnter Schwefelsäure und dann mit einigen Tropfen konz. Salpetersäure. Es entsteht eine braune Färbung (?). Beim Erwärmen färbt sich die Lösung hellgelb (?).

11. Alkalihydroxyde sowie Ammoniak fällen aus der erhaltenen Ferrisalzlösung schon in der Kälte das Eisen vollständig als *Ferrihydroxyd* (?); im Überschuß der Fällungsmittel unlöslich (?).

12. *Ferrihydroxyd* ist in Mineralsäuren leicht löslich, ebenso das durch gelindes Erhitzen daraus entstehende (?) Oxyd. Durch starkes Glühen über dem Gebläse wird dieses praktisch säureunlöslich (?). Durch *Schmelzen* mit Kaliumpyrosulfat kann das *geglühte Oxyd* aufgeschlossen werden (?).

13. Ferrichlorid unterliegt in wäßriger Lösung der *Hydrolyse* (?). Reaktion der Lösung? Die gelbrote Färbung der Lösung ist auf *kolloid gelöstes Ferrihydroxyd* zurückzuführen. Man verdünne Ferrichloridlösung nahezu bis zur Farblosigkeit und beobachte die beim Erhitzen auftretende Farbänderung (?).

14. Alkaliacetate färben verdünnte Ferrisalzlösungen[1]) dunkelrot (?). Beim Kochen der sehr stark verdünnten roten Lösung wird das Eisen vollständig abgeschieden (?). Beim Erkalten löst sich der Niederschlag teilweise wieder auf. Die heiß filtrierte Flüssigkeit muß farblos sein und ist auf Abwesenheit von Eisen zu prüfen.

15. Schwefelwasserstoff erzeugt in einer Ferrichloridlösung nur eine milchige Trübung (?); fügt man etwas Ammoniak hinzu, so entsteht eine schwarze Fällung (?).

16. Ammoniumsulfid gibt einen schwarzen Niederschlag (?).

17. Die mit organischen Stoffen (z. B. Weinsäure, Seignettesalz) versetzte Ferrisalzlösung verhält sich gegen Alkalien wie Aluminium und Chrom (?). Aus der alkalischen Lösung wird durch Schwefelwasserstoff oder Ammoniumsulfid das Eisen als Sulfid abgeschieden (?).

18. Kaliumferrocyanid fällt aus Ferrisalzen *Berlinerblau* (?). Verhalten des Niederschlags gegen Natronlauge?

19. Ammoniumrhodanid gibt eine dunkelrote, gegen Salzsäure beständige Färbung. *Empfindliche Reaktion auf Ferrisalze.*

20. Durch Reduktionsmittel gehen die Ferrisalze in Ferrosalze über, z. B. durch Jodwasserstoff (?) (man verwende eine mit verdünnter Salzsäure angesäuerte Kaliumjodidlösung), ferner durch schweflige Säure (?), Zinnchlorür $SnCl_2$ (?) sowie durch naszierenden Wasserstoff, der bei der Einwirkung von Metallen (z. B. Zink) auf Säuren entsteht (?).

Kaliumferricyanid (*Ferricyankalium, rotes Blutlaugensalz*).
21. Kaliumferricyanid entsteht durch Oxydation von Kaliumferrocyanid. Man versetze Kaliumferrocyanid mit Chlor-

---

[1]) Man verwende hierzu das käufliche Ferrichlorid, nicht die selbst hergestellte Lösung, da diese Mineralsäure enthält (?).

wasser (?), koche das überschüssige Chlor weg und füge dann zu einem Teil der Lösung **Ferrichlorid** zu. Es bildet sich kein blauer Niederschlag; die Mischung färbt sich nur intensiv braun (?). Der zweite Teil der Lösung wird mit **Ferrosulfat** versetzt; es entsteht eine dunkelblaue Fällung (?); Verhalten dieses Niederschlags gegen Natronlauge?

22. Silber- und Kupfersalze geben mit Kaliumferricyanid gefärbte Niederschläge (?), unlöslich in verdünnten Säuren, löslich in Ammoniak (?).

23. Eine verdünnte Mischung von *Ferrichlorid* und *Ferricyankaliumlösung* wird schon durch eine sehr geringe Menge **Schwefelwasserstoffwasser** oder **schweflige Säure** gebläut (?). *Empfindliche Reaktion auf reduzierende Stoffe.*

9. Kobalt und Nickel.

Kobalt: Co = 58,94; 8. Gruppe des periodischen Systems; Ordnungszahl 27; Wertigkeit $+$II, $+$III.

Nickel: Ni = 58,69; 8. Gruppe des periodischen Systems; Ordnungszahl 28; Wertigkeit $+$II, ($+$III).

Vorkommen: Kobalt. Hauptsächlich an Arsen und Schwefel gebunden (Speiskobalt $CoAs_2$, Kobaltglanz CoAsS).
Nickel. Als Nickelblende NiS, Rotnickelkies NiAs, $NiAs_2$ und Arsennickelkies NiAsS (meist zusammen mit Kobalt).

Verwendung: Kobalt. Als Porzellanfarbe (*Smalte* = pulverisiertes Kobaltglas).
Nickel. Zu Legierungen (Chromnickelstahl, V 2 A-Stahl Fe $+$ Cr $+$ Ni, Nickelmünzen u. a.); zur galvanischen Vernickelung (Hausgeräte); in Form von Nickeloxyd zur Fetthärtung.

Zu untersuchen: Kobaltonitrat $[Co(NO_3)_2 \cdot 6\,H_2O]$,
Nickelonitrat $[Ni(NO_3)_2 \cdot 6\,H_2O]$.

1. *Kobalt* und *Nickel* sind magnetische, glänzende Metalle; schwer schmelzbar; luftbeständig, löslich in verdünnten Säuren, namentlich Salpetersäure zu Kobalto- bzw. Nickelosalzen (?).

2. Alkalihydroxyde fällen aus *Kobaltosalzlösungen* blaues basisches Salz (?), das mit mehr Alkalihydroxyd, namentlich beim Erwärmen, in rotes *Kobaltohydroxyd* (?) übergeht. Aus *Nickelosalzlösungen* fällt sofort hellgrünes *Nickelohydroxyd* aus (?). Beide Hydroxyde sind im Überschuß des Fällungsmittels praktisch unlöslich.

3. *Kobalto-* und *Nickelohydroxyd* sind in Säuren leicht löslich (?); sie sind schwache Basen. Die *Kobaltosalze* sind wasserhaltig rot, wasserfrei blau, die *Nickelosalze* grün bzw. gelb.

4. Ammoniak in geringer Menge gibt Niederschläge (?), die sich im Überschuß unter Komplexbildung auflösen (?). Mit *Kobaltosalzen* entsteht dabei eine bräunliche, allmählich rot werdende (?), mit *Nickelosalzen* eine blaue Lösung (?). Unterschied von Magnesiumsalzen, Analogie mit Zinksalzen. In stark sauren Lösungen oder solchen, die Ammoniumsalze enthalten, wird durch Ammoniak kein Niederschlag hervorgerufen (?) (Analogie mit ?).

5. Schwefelwasserstoff fällt aus sauren Lösungen nichts, aus neutralen Lösungen geringe Mengen eines schwarzen Niederschlags (?). Versetzt man eine neutrale Lösung mit einer hinreichenden Menge Natriumacetat, so werden durch Schwefelwasserstoff *Kobalt* bzw. *Nickel* vollständig als Sulfide abgeschieden (?).

6. Ammoniumsulfid fällt Kobalto- und Nickelosalze praktisch vollständig (?). Trotzdem verdünnte Salzsäure die Fällung der Sulfide durch Schwefelwasserstoff zu verhindern vermag, ist der Niederschlag nahezu unlöslich in kalter, 5%iger Salzsäure (?). Kobalt- und Nickelsulfid sind jedoch löslich in konz. Salpetersäure (?), Königswasser (?) und heißer verdünnter Salzsäure, der man etwas Kaliumchlorat zugefügt hat (?). *Nickelsulfid* wird von gelbem Ammoniumsulfid in geringen Mengen mit brauner Farbe *kolloid* gelöst und aus dieser Lösung durch Erhitzen mit Essigsäure wieder abgeschieden.

Das gelbe Ammoniumsulfid wird erhalten, indem man farbloses Ammoniumsulfid, welches nach S. 58 bereitet oder im Handel bezogen wurde, längere Zeit in einem nicht vollkommen gefüllten Gefäß stehen läßt. Ist gelbes Ammoniumsulfid nicht zur Hand, so kann es auch hergestellt werden, indem man 200 ccm farbloses Ammoniumsulfid mit 3 g Schwefel versetzt, unter wiederholtem Umschütteln einige Stunden stehen läßt und schließlich von dem ungelösten Rückstand abfiltriert (Abzug!). Die so erhaltene Lösung ist jedoch nur beschränkt haltbar.

7. *Kobalti-* und *Nickelihydroxyd* sind schwarze Niederschläge, welche man erhält, wenn man Kobalto- bzw. Nickelosalze mit Alkalihydroxyd und Chlorwasser versetzt (?). Erwärmen begünstigt die Reaktion. Man filtriere die Niederschläge ab, wasche aus und erwärme mit Salzsäure. Sie gehen unter Entwicklung von *Chlor* in Lösung (?). Mit Wasserstoffperoxyd und Alkalilauge werden nur *Kobaltosalze*, nicht dagegen Nickelosalze in die III-wertige Form übergeführt (?).

8. Salze des III-wertigen Nickels sind nicht bekannt; vom III-wertigen Kobalt leiten sich beständige Komplexsalze ab (Beispiel?).

9. Eine Lösung von Natriumnitrit und Kaliumchlorid werde zu einer *Kobaltonitratlösung* gefügt und dann mit Essigsäure angesäuert. Unter gleichzeitiger Entwicklung von Stickoxyden (?) fällt gelbes Kaliumkobaltinitrit aus (?). — Nickelsalze geben die Reaktion nicht.

10. Man versetze stark verdünnte *Kobaltonitratlösung* bis zur Sättigung mit festem Ammoniumrhodanid. Es entsteht eine blaue Färbung (?), die beim Ausschütteln mit einem Gemisch von Äther und Amylalkohol in die ätherische Schicht übergeht. Bei Zugabe von Wasser verschwindet die Färbung wieder (?).

11. Mit einer alkoholischen Lösung von Dimethylglyoxim[1]) (TSCHUGAEFFs Reagens) geben *Nickelosalzlösungen* einen voluminösen roten Niederschlag von *Nickeldimethylglyoxim:*

$$CH_3-C=N-O\diagdown\diagup O-N=C-CH_3$$
$$\vert \quad\quad :Ni: \quad\quad \vert$$
$$CH_3-C=N\diagup\diagdown N=C-CH_3$$
$$\vert \quad\quad\quad\quad\quad \vert$$
$$OH \quad\quad\quad\quad OH$$

Der Niederschlag ist unlöslich in Ammoniak und stark verdünnter Essigsäure. *Empfindliche Reaktion auf Nickeloion.* — Mit Kobaltsalzen entsteht nur eine rötliche Färbung, aber kein Niederschlag.

12. Die Phosphorsalzperle wird durch *Kobaltverbindungen* sowohl in der Oxydations- als auch in der Reduktionsflamme tiefblau gefärbt (?). *Nickelverbindungen* geben eine bräunlich-gelbe Oxydations- und eine grau gefärbte Reduktionsperle (?).

10. Trennung von Chrom, Aluminium, Eisen, Kobalt, Mangan, Zink, Phosphorsäure.

1. Man verwende eine stark verdünnte Lösung, die etwa zu gleichen Teilen Chromichlorid[2]), Aluminiumsulfat, Ferrichlorid, Kobaltonitrat, Manganosulfat und Zinksulfat

---

[1]) Formel von *Dimethylglyoxim* (= *Diacetyldioxim*):

$$CH_3-C=N-OH$$
$$\vert$$
$$CH_3-C=N-OH$$

[2]) Chromichlorid wird durch Reduktion von Kaliumchromat mit Alkohol und Salzsäure hergestellt [vgl. Unterabschnitt 6 (S. 61)].

enthält. Die Lösung wird mit etwas Dinatriumphosphat versetzt und eine etwa entstehende Fällung mit verdünnter Salzsäure in Lösung gebracht.

2. Die Lösung wird zunächst auf *Eisen* und *Phosphorsäure* geprüft. Zur Prüfung auf Eisen verwende man Kaliumferrocyanid und Ammoniumrhodanid, die mit Einzelproben der Lösung eine blaue Fällung bzw. rote Färbung liefern. — Zur Prüfung auf Phosphorsäure wird zunächst eine kleine Probe im Reagensglas mit konz. Salpetersäure weitgehend abgeraucht (?), verdünnt und mit Ammoniummolybdat erwärmt; es entsteht eine gelbe Fällung.

3. Die verbliebene Hauptmenge der Lösung wird mit Ammoniumchlorid und etwas Ferrichlorid versetzt. Darauf gibt man vorsichtig Ammoniak hinzu, bis Lackmuspapier eben gebläut wird. Sollte der ausfallende Niederschlag nicht bräunlich, sondern hell gefärbt sein, so muß mit wenig Salzsäure wieder angesäuert, nochmals mit Ferrichlorid versetzt und wieder mit Ammoniak schwach alkalisch gemacht werden. Dieser Vorgang ist so oft zu wiederholen, bis der ausfallende Niederschlag deutlich braun gefärbt ist. Man erhitzt dann zum Sieden, filtriert und wäscht mit heißem Wasser gründlich aus (Waschwässer vernachlässigen!). Was enthält der Niederschlag, was die Lösung? Man formuliere die stattgefundenen Umsetzungen für alle ursprünglichen Bestandteile der Lösung.

4. Man löst den *Rückstand* mit verdünnter Salzsäure vom Filter und versetzt die Lösung zuerst mit reiner Natronlauge[1]), dann mit Wasserstoffperoxyd, beides im Überschuß (?). Zur Zerstörung des nicht verbrauchten Wasserstoffperoxyds erwärmt man einige Minuten zum Sieden, filtriert dann und wäscht mit heißem Wasser aus (Waschwässer vernachlässigen!).

5. Der Niederschlag wird mit Bleidioxyd und konz. Salpetersäure und durch die Oxydationsschmelze (am Magnesiastäbchen auszuführen) auf *Mangan* geprüft.

6. Das nach Absatz 4 erhaltene Filtrat wird in zwei Teile geteilt und auf Chrom und Aluminium untersucht. Zur Prüfung auf *Chrom* versetzt man mit Wasserstoffperoxyd und Äther und säuert dann (evtl. unter Kühlung) mit verdünnter Schwefelsäure an (*Chromperoxydreaktion*).

---

[1]) Um Verunreinigungen auszuschließen, stelle man die zu verwendende Natronlauge durch Auflösen von etwa 5 g festem Natriumhydroxyd (*Plätzchenform, zur Analyse*) in 50 ccm Wasser frisch her.

Zur Prüfung auf *Aluminium* säuert man den zweiten Teil des nach Absatz 4 erhaltenen Filtrats mit verdünnter Salzsäure an, macht schwach ammoniakalisch und erhitzt zum Sieden. Der Niederschlag (?) wird abfiltriert, ausgewaschen und in verdünnter Salzsäure gelöst. In der Lösung prüft man mit Morin und alizarinsulfosaurem Natrium auf Aluminium.

Dabei ist zu beachten, daß die Prüfung mit Morin durch die Anwesenheit der Salzsäure gestört werden kann. Ist die Fluorescenz nicht eindeutig erkennbar, so versetze man die Lösung in kleinen Anteilen mit Natriumacetat, wobei ein Überschuß — erkennbar am Auftreten einer Gelbfärbung oder einer Fällung — zu vermeiden ist.

7. Das nach Absatz 3 erhaltene *Filtrat* wird unbeschadet einer etwaigen nachträglichen Trübung (?) auf etwa 80° C erwärmt und mit einem geringen Überschuß an farblosem oder hellgelbem Ammoniumsulfid versetzt (?). Man filtriert, wäscht mit Wasser aus, spült den Niederschlag nach Durchstoßen des Filters mit Wasser in ein Reagensglas und fügt so viel Salzsäure hinzu, daß der Endgehalt der Lösung an Salzsäure 5% beträgt. Hierauf läßt man einige Minuten in der Kälte unter wiederholtem Schütteln einwirken, filtriert und wäscht wieder aus (Waschwässer vernachlässigen!).

8. Mit dem nach Absatz 7 erhaltenen *Rückstand* von der Salzsäurebehandlung führe man die *Perlenreaktion* aus (?). Den Rest löse man in heißer verdünnter Salzsäure unter Zugabe von Kaliumchlorat. Man dampfe die Lösung zur Entfernung des nicht verbrauchten Chlors bis fast zur Trockne ein (?), verdünne mit etwas Wasser[1]) und untersuche auf *Kobalt*. Zu diesem Zweck wird mit Soda alkalisch gemacht, mit Essigsäure wieder angesäuert und die Reaktion mit Natriumnitrit und Kaliumchlorid sowie mit Ammoniumrhodanid ausgeführt.

9. Die nach Absatz 7 erhaltene *Lösung* in 5%iger Salzsäure wird durch Kochen von Schwefelwasserstoff befreit, sodann in gleicher Weise wie unter Absatz 4 mit Natronlauge und Wasserstoffperoxyd (?) behandelt und filtriert. Der Niederschlag wird ausgewaschen und sodann nach Absatz 5 auf *Mangan* geprüft.

10. Das nach Absatz 9 erhaltene Filtrat wird zur völligen (?) Entfernung des nicht verbrauchten Wasserstoffperoxyds einige Zeit gekocht und dann in zwei Teile geteilt. Man macht einen Teil essigsauer und fügt Schwefelwasserstoffwasser hinzu; der zweite Teil wird salzsauer gemacht und mit Kaliumferrocyanid auf *Zink* geprüft.

---

[1]) Die Lösung ist nötigenfalls von ausgeschiedenem *Schwefel* zu filtrieren.

Dritter Abschnitt.

1. Silber.

Silber: Ag = 107,880; 1. Gruppe des periodischen Systems; Ordnungszahl 47; Wertigkeit +I, (+II).

Vorkommen: Gediegen. Gebunden als Sulfid (Silberglanz Ag_2S), vielfach in Verbindung mit Bleiglanz PbS; als Chlorid (Hornsilber AgCl).

Verwendung: Zu Silbermünzen, Schmuck und Tafelgeräten; in der Spiegelindustrie. Silberbromid AgBr und -jodid AgJ in der Photographie. *Katadyn-Verfahren* (Entkeimung von Wasser durch Berührung mit metallischem Silber; *oligodynamische Wirkung*).
Pharmazeutisch. Silbernitrat, Argentum nitricum (Höllenstein) $AgNO_3$ als Ätzmittel und Adstringens; kolloides Silber, Argentum colloidale; Silber-Eiweißverbindungen (Protargol, Albargin) gegen Schleimhautentzündungen.

Zu untersuchen: Silbernitrat ($AgNO_3$).

1. Weißes, sehr dehnbares Metall vom spezifischen Gewicht 10,5. Die meisten *Silbersalze* sind schwer löslich in Wasser. Leicht löslich ist nur das Nitrat, Chlorat, Perchlorat und Fluorid, schwerer — jedoch merklich — löslich ist Nitrit, Acetat und Sulfat, während alle übrigen Silbersalze schwer oder sehr schwer löslich sind. — Lösungsmittel für Silber ist Salpetersäure (?). Heiße konz. Schwefelsäure löst es ebenfalls (?), von Salzsäure wird es nicht angegriffen.

2. **Alkalihydroxyde** rufen mit Silbersalzen einen braunen Niederschlag hervor (?), unlöslich im Überschuß des Fällungsmittels, leicht löslich in verdünnter Salpetersäure (?) und Ammoniak (?).

3. **Alkalicarbonate** fällen gelblich-weißes *Silbercarbonat* (?); Löslichkeit in Ammoniak und Salpetersäure? Beim Kochen tritt Braunfärbung ein (?).

4. **Ammoniak** fällt einen braunen Niederschlag (?), der sich im geringsten Überschuß des Fällungsmittels löst (?).

5. Chlorion-haltige Lösungen fällen einen weißen käsigen Niederschlag (?), der sich beim Stehen am Licht allmählich verfärbt (?). Man prüfe das Verhalten des Niederschlags gegen Ammoniak und Natriumthiosulfat (?). Verhalten der ammoniakalischen Chlorsilberlösung gegen **Salpetersäure**?

6. Kaliumbromid und -jodid rufen ebenfalls Niederschläge hervor (?). Aussehen und Verhalten derselben gegen Salpetersäure, Ammoniak und Natriumthiosulfat?

7. Ammoniumrhodanid gibt eine weiße Fällung (?), unlöslich in Salpetersäure, löslich in Ammoniak (?).

8. Dinatriumphosphat gibt einen gelben Niederschlag (?). Löslichkeit des Niederschlags in Ammoniak und Salpetersäure? Wie verhalten sich *Pyro-* und *Metaphosphate?*

9. Schwefelwasserstoff und Ammoniumsulfid erzeugen schwarze Niederschläge (?). Löslichkeit in verdünnter und konz. Salpetersäure, in Ammoniak? Man leite Schwefelwasserstoff über eine feuchte Silbermünze (?). *„Anlaufen“ von Silbergeräten (?).*

10. Kaliumchromat und -dichromat erzeugen braunrote Niederschläge (?). Löslichkeit in Salpetersäure und Ammoniak?

11. Man bringe ein Stück **Kupfer** (Kupfermünze) in eine Silbernitratlösung; es scheidet sich *metallisches Silber* ab (?).

2. Blei.

Blei: Pb = 207,21; 4. Gruppe des periodischen Systems; Ordnungszahl 82; Wertigkeit +II, +IV.

Vorkommen: Hauptsächlich als Sulfid (Bleiglanz PbS).

Verwendung: Als Werkstoff (Röhren, chemische Apparate und Gefäße, Akkumulatoren); zu Legierungen (Flintenschrot Pb + As, Letternmetall Pb + Sb + Sn); in Bleifarben [Chromgelb $PbCrO_4$, Mennige Pb_3O_4, Bleiweiß 2 $PbCO_3 \cdot Pb(OH)_2$].
Pharmazeutisch. Bleiacetat, Plumbum aceticum (Bleizucker) $Pb(CH_3COO)_2 \cdot 3 H_2O$ gegen Schleimhautentzündungen; basisches Bleiacetat, Liquor Plumbi subacetici (Bleiessig) und (stark verdünnt) Aqua Plumbi (Bleiwasser) zu Umschlägen; basisches Bleicarbonat, Cerussa (Bleiweiß) 2 $PbCO_3 \cdot Pb(OH)_2$; Bleioxyd, Lithargyrum PbO; Bleisalbe, Unguentum Lithargyri gegen Ekzeme.

Toxikologie: Blei ist ein starkes Gift (chronische und akute Bleivergiftungen). Es unterliegt im Lebensmittelverkehr besonderen gesetzlichen Bestimmungen.

Zu untersuchen: Bleiacetat [$Pb(CH_3COO)_2 \cdot 3 H_2O$],
Bleidioxyd (PbO_2),
Mennige (Pb_3O_4).

1. Bläulich-graues, dehnbares, weiches Metall vom spezifischen Gewicht 11,4. Schmelzpunkt 327° C. — Lösungsmittel ist Salpetersäure (?); von Schwefelsäure und Salzsäure wird es kaum angegriffen (?).

Das *Blei* bildet zwei *Oxyde*, das Monoxyd PbO und das Dioxyd PbO_2; beide Oxyde haben amphoteren Charakter; *Plumbo*- und *Plumbisalze; bleiige Säure, Bleisäure; Plumbite* und *Plumbate* (?).

Bleiverbindungen färben die *Flamme* des Bunsenbrenners fahlblau (uncharakteristisch).

Plumboverbindungen. 2. Alkalihydroxyde und Ammoniak erzeugen mit Bleiacetat einen weißen Niederschlag (?); Löslichkeit in Salpetersäure und Essigsäure? Von überschüssigem Alkalihydroxyd wird *Plumbohydroxyd*, namentlich in der Wärme gelöst (?).

3. Alkalicarbonate fällen *basisches Bleicarbonat* (?); *Bleiweiß*. Der Niederschlag ist in Alkalien und Salpetersäure löslich (?).

4. Kaliumchromat gibt einen gelben Niederschlag (?), löslich in Salpetersäure (?), schwer löslich in Essigsäure.

5. Chlorion-haltige Lösungen fällen weißes *Bleichlorid* (?). Löslichkeit in Salpetersäure, in kaltem und heißem Wasser? Man löse Bleichlorid in siedendem Wasser und lasse erkalten (?).

6. Sulfation-haltige Lösungen erzeugen einen weißen Niederschlag (?). *Bleisulfat* löst sich in der Kälte in ammoniakalischer Ammoniumtartratlösung (?) (zu bereiten durch Versetzen von Seignettesalz mit überschüssigem Ammoniak), Alkalilaugen (?) und konz. Schwefelsäure (?). Unterschied von Bariumsulfat?

7. Schwefelwasserstoff fällt aus neutralen, schwach sauren oder alkalischen Bleisalzlösungen schwarzes *Bleisulfid* (?), aus salzsaurer Lösung fällt zuerst rotbraunes *Bleisulfochlorid* (?). Man behandle gefälltes *Bleisulfat* auf dem Filter mit Ammoniumsulfid (?). Alle Bleisalze, auch die unlöslichen, werden durch längere Behandlung mit Schwefelwasserstoff oder Ammoniumsulfid in Bleisulfid umgewandelt.

Plumbiverbindungen. 8. Man versetze Bleiacetat mit überschüssiger Alkalilauge (?) und erwärme mit Chlorwasser (?). Es entsteht *braunes Bleidioxyd* (?). Man erwärme etwas käufliches Bleidioxyd mit verdünnter Salzsäure (?) [*Abzug!*].

9. *Mennige* Pb_3O_4 ist Plumboorthoplumbat; Strukturformel? Man übergieße Mennige mit verdünnter Salpetersäure, erwärme und filtriere (?). Der Rückstand werde mit Salzsäure erwärmt (?); das Filtrat prüfe man mit Schwefelsäure (?).

3. Quecksilber.

Quecksilber: Hg = 200,61; 2. Gruppe des periodischen Systems; Ordnungszahl 80; Wertigkeit +I, +II.

Vorkommen: Hauptsächlich als Sulfid (Zinnober HgS).

Verwendung: Für physikalische Apparate (Thermometer, Barometer), Quecksilberdampflampen, Quecksilberdampfpumpen. Für elektrolytische Zellen (Alkalichlorid-Elektrolyse).
Pharmazeutisch. Mercurichlorid, Hydrargyrum bichloratum (Sublimat, Sublimatpastillen) $HgCl_2$ als Desinfektionsmittel; Mercurochlorid, Hydrargyrum chloratum (Kalomel) Hg_2Cl_2 als Abführmittel und gegen Gallenleiden; Quecksilbersalben und -pflaster.

Toxikologie: Quecksilber (besonders Quecksilberdämpfe) und Quecksilberverbindungen sind sehr giftig. Sie führen zu akuten oder chronischen Vergiftungen.

Zu untersuchen: Mercuronitrat $[Hg_2(NO_3)_2 \cdot 2\,H_2O]$,
Mercurichlorid $(HgCl_2)$.

1. Silberweißes, bei gewöhnlicher Temperatur flüssiges Metall vom spezifischen Gewicht 13,6. Schmelzpunkt $-38,9°$ C, Siedepunkt $357,3°$ C. — Lösungsmittel ist Salpetersäure. Bei Anwendung von überschüssigem Metall und verdünnter kalter Säure entsteht *Mercuronitrat* (?), bei überschüssiger heißer Säure bildet sich *Mercurinitrat* (?). Quecksilber wird auch von heißer konz. Schwefelsäure (?) und Königswasser (?) angegriffen, nicht von Salzsäure, nicht von verdünnter Schwefelsäure.

Mercuroverbindungen (*man verwende zu folgenden Versuchen eine konzentrierte Lösung von Mercuronitrat*). **2.** Beim Verdünnen mit Wasser entsteht eine weiße Trübung (?).
3. Alkalihydroxyde erzeugen einen schwarzen Niederschlag (?), welcher am Licht und beim Erwärmen leicht zerfällt (?); unlöslich im Überschuß des Fällungsmittels.
4. Mit Ammoniak entsteht eine schwarze Fällung, bestehend aus einem Gemisch von weißem *Oxydimercuriammoniumnitrat*

$$\left[O{<}{{Hg}\atop{Hg}}{>}NH_2\right]NO_3$$

und fein verteiltem (schwarzem) *metallischem Quecksilber* (?). Ersteres ist das Nitrat der Millon*schen Base* $[OHg_2NH_2]OH$.
5. Chlorion-haltige Lösungen fällen einen weißen Niederschlag (?). Löslichkeit in verdünnten Säuren, heißer konz. Salpetersäure, Königswasser? Man übergieße einen Teil des weißen Niederschlages mit Ammoniak, einen anderen Teil mit Natronlauge, und erkläre die eintretenden Färbungen.

6. Kaliumjodid scheidet einen grünlichen Niederschlag ab (?), der sich, besonders am Licht und bei Anwesenheit eines Überschusses an Kaliumjodid, leicht zersetzt (?).

7. Schwefelwasserstoff und **Ammoniumsulfid** erzeugen schwarze Niederschläge, die aus einem Gemenge von *Mercurisulfid* und fein verteiltem *metallischem Quecksilber* bestehen (?)

8. Die den Mercurosalzen zugrunde liegende Base, das *Mercurohydroxyd*, hat nur schwach basische Eigenschaften (?). Viele Mercuroverbindungen sind sehr unbeständig, indem sie unter Metallabscheidung in Mercuriverbindungen übergehen (?); *Disproportionierung*. Durch Oxydationsmittel werden sie ausnahmslos in Mercurisalze verwandelt.

9. Kaliumchromat erzeugt bei gewöhnlicher Temperatur einen amorphen braunen, in der Hitze einen krystallinen roten Niederschlag (?); Löslichkeit in verdünnter Salpetersäure?

10. Eine sorgsam mit Seesand gereinigte **Kupfermünze** lege man in eine Mercuronitratlösung. Es entsteht allmählich ein metallglänzender Überzug (*Amalgamierung*), der beim Erhitzen der Münze wieder verschwindet (?).

Mercuriverbindungen. **11.** Man *erhitze* etwas festes Mercurichlorid im Reagensglas (?). Alle Quecksilberverbindungen verflüchtigen sich beim Erhitzen, meist unter Zersetzung, die Halogenide unzersetzt. — Löslichkeit des Mercurichlorids in Wasser? Man verdünne die wäßrige Lösung mit Wasser (?).

12. Alkalihydroxyde erzeugen mit Mercurichlorid einen orangegelben, im Überschuß des Fällungsmittels unlöslichen Niederschlag (?); Löslichkeit in Säuren?

13. Natriumcarbonat erzeugt einen rotbraunen Niederschlag von basischem Carbonat (?).

14. Ammoniak ruft einen weißen Niederschlag hervor (?); *unschmelzbares weißes Präcipitat* $HgNH_2Cl$.

15. Kaliumjodid bewirkt die Bildung eines roten Niederschlags (?), der in überschüssigem Kaliumjodid löslich ist (?); Nesslers *Reagens*.

16. Schwefelwasserstoff und **Ammoniumsulfid** in geringer Menge erzeugen einen weißen Niederschlag von *Quecksilbersulfochlorid* $HgCl_2 \cdot 2\,HgS$ (?), der bei weiterem Zusatz schwarz wird (?); Löslichkeit in verdünnter Salpetersäure, in Königswasser?

Während das gefällte Mercurisulfid schwarz aussieht, ist das in der Natur vorkommende Mercurisulfid (*Zinnober*) rot gefärbt. Worauf beruht der Farbunterschied?

17. Mercurichloridlösung werde mit wenig Zinnchlorürlösung versetzt; es entsteht eine weiße Fällung (?), die bei weiterem Zusatz von Zinnchlorür, namentlich beim Erwärmen, grau wird (?). Man erwärme Mercurichloridlösung mit schwefliger Säure (?).

4. Kupfer.

Kupfer: Cu = 63,57; 1. Gruppe des periodischen Systems; Ordnungszahl 29; Wertigkeit $+I$, $+II$, $(+III)$.

Vorkommen: Gediegen. Gebunden als Oxyd (Rotkupfererz Cu_2O), als Sulfid (Kupferglanz Cu_2S, Kupferkies $CuFeS_2$).

Verwendung: Als Werkstoff (Apparatebau, Elektrotechnik, Nahrungsmittelgewerbe); zu Legierungen (Messing Cu + Zn, Bronze Cu + Sn); zu Farbstoffen [SCHEELES Grün $Cu_3(AsO_3)_2$, Schweinfurter Grün $Cu(CH_3COO)_2 \cdot 3\,Cu(AsO_2)_2$]. Zur Schädlingsbekämpfung [Bordelaiser Brühe im Weinbau $CuSO_4 + Ca(OH)_2$].

Pharmazeutisch. Kupferpräparate zur Unterstützung der Hämoglobinbildung sowie als Brech- und Ätzmittel.

Zu untersuchen: Kupfersulfat $(CuSO_4 \cdot 5\,H_2O)$.

1. Rotes dehnbares Metall vom spezifischen Gewicht 8,9. Beim Glühen überzieht es sich mit einer schwarzen Kruste (?), beim Liegen an der Luft mit einer grünlichen Schicht (*Patina,* fälschlich Grünspan genannt) von basischem Carbonat (?). — Lösungsmittel ist Salpetersäure (?); heiße konz. Schwefelsäure und Königswasser greifen es ebenfalls an (?).

Cupriverbindungen. **2.** Man *erhitze* gepulvertes Kupfersulfat vorsichtig im Reagensglas (?); der weißgraue Rückstand werde nach dem Erkalten mit einigen Tropfen Wasser befeuchtet (?). — Etwas Kupfersulfat werde am Magnesiastäbchen in die Flamme gebracht. Es wird schwarz (?); *Flammenfärbung?* Flammenfärbung nach dem Befeuchten mit verdünnter Salzsäure?

3. Alkalihydroxyde rufen in der Kälte einen voluminösen grünlich-blauen Niederschlag hervor (?), der beim Erwärmen schwarz wird (?).

4. Alkalicarbonate fällen basisches Carbonat (?). Kupferhydroxyd und basisches Carbonat sind in Alkalihydroxyden und -carbonaten etwas mit blauer Farbe löslich.

5. Ammoniak erzeugt einen blaugrünen Niederschlag (?), der sich im Überschuß mit dunkelblauer Farbe unter Bildung von *Kupfertetramminsulfat* $[Cu(NH_3)_4]SO_4$ auflöst (?).

6. Kaliumferrocyanid erzeugt einen in verdünnten Säuren unlöslichen rotbraunen Niederschlag (?).

7. Schwefelwasserstoff und Ammoniumsulfid erzeugen schwarze, in verdünnten Säuren unlösliche, in gelbem Ammoniumsulfid etwas lösliche (?) Niederschläge (?). Beim Liegen an der Luft oxydiert sich Kupfersulfid leicht (?).

Cuproverbindungen. **8.** Man versetze eine Kupfersulfatlösung mit **Seignettesalz** und dann mit **Natronlauge**. Worauf ist das Ausbleiben eines Niederschlages zurückzuführen? FEHLINGsche *Lösung.* Fügt man zu der blauen Flüssigkeit einige Tropfen einer Lösung von **Arsentrioxyd** As_2O_3 in Natronlauge und erhitzt zum Sieden, so entsteht ziegelrotes *Cuprooxyd* (?). In gleicher Weise reagieren verschiedene **organische Verbindungen** (z. B. **Traubenzucker**).

9. Kaliumjodid bewirkt aus Kupfersulfat die Ausscheidung von *Cuprojodid* unter Freiwerden von *elementarem Jod* (?).

10. Kaliumcyanid erzeugt unter Entwicklung von gasförmigem Dicyan $(CN)_2$ einen Niederschlag (?), der in überschüssigem Kaliumcyanid unter Bildung von *Kaliumcuprocyanid* löslich ist (?) *(Abzug!)*. Die Lösung wird durch Ammoniumsulfid nicht gefällt (?).

11. Ammoniumrhodanid erzeugt schwarzes *Cuprirhodanid* (?), das sich langsam in einen grauweißen Niederschlag umwandelt (?). Bei Anwesenheit von **schwefliger Säure** fällt sofort grauweißes *Cuprorhodanid* aus (?); schwer löslich in verdünnten Säuren.

12. *Cuprosalze von Sauerstoffsäuren* sind kaum bekannt, da sie sich sehr leicht unter Abscheidung von metallischem Kupfer in Cuprisalze umwandeln; *Disproportionierung.*

13. Aus Kupferion enthaltenden Lösungen wird durch andere **Metalle** (welche?) *metallisches Kupfer* abgeschieden.

5. Cadmium.

Cadmium: Cd $= 112,41$; 2. Gruppe des periodischen Systems; Ordnungszahl 48; Wertigkeit $+\mathrm{II}$.

Vorkommen: Als steter Begleiter des Zinks in Zinkerzen.

Verwendung: Als Schutzbelag auf Metallen gegen Korrosion; als Lagermetall in der Automobilindustrie. Cadmiumsulfid CdS als Malerfarbe.

Zu untersuchen: Cadmiumsulfat $(3\,CdSO_4 \cdot 8\,H_2O)$.

1. Weißes Metall, das bei $320{,}9^\circ$ C schmilzt und beim Erhitzen an der Luft mit braunem Rauch (?) verbrennt. — Lösungsmittel ist Salpetersäure.

2. Alkalihydroxyde erzeugen eine weiße Fällung (?), unlöslich im Überschuß des Fällungsmittels (?).

3. Ammoniak gibt den gleichen Niederschlag, leicht löslich im Überschuß des Fällungsmittels (?).

4. Mit Schwefelwasserstoff und Ammoniumsulfid fällt gelbes Sulfid (?); aus mäßig sauren Lösungen fällt das Sulfid bei erhöhter Temperatur bisweilen gelbrot oder rotbraun aus. Löslichkeit in Säuren, in Ammoniumsulfid?

5. Kaliumcyanid gibt mit Cadmiumsalzen einen weißen Niederschlag (?), der in überschüssigem Kaliumcyanid leicht löslich ist (?). Diese Lösung versetze man mit Schwefelwasserstoffwasser (?) *(Abzug!)*.

6. Wismut.

Wismut: Bi = 209,00; 5. Gruppe des periodischen Systems; Ordnungszahl 83; Wertigkeit $+$III, ($+$V).

Vorkommen: Gediegen. Gebunden als Oxyd (Wismutocker Bi_2O_3), als Sulfid (Wismutglanz Bi_2S_3).

Verwendung: Hauptbestandteil leicht schmelzender Legierungen (ROSE-Metall Bi + Pb + Sn, F = 94° C; LIPOWITZ-Metall Bi + Pb + Sn + Cd, F = 60° C).

    Pharmazeutisch. Basisches Wismutnitrat, Bismutum subnitricum $BiONO_3$; basisches Wismutcarbonat, Bismutum subcarbonicum $(BiO)_2CO_3$; beide gegen Magengeschwüre und als Darmadstringentien. Basisches Wismutgallat, Bismutum subgallicum (Dermatol) $C_6H_2(OH)_3 \cdot CO_2Bi(OH)_2$ als Wundpuder und gegen Verbrennungen. Verschiedene organische und anorganische Wismutpräparate gegen Lues.

Zu untersuchen: Wismutnitrat $[Bi(NO_3)_3 \cdot 5\,H_2O]$.

1. Rötlich-weißes sehr sprödes, bei 271° C schmelzendes Metall. — Lösungsmittel ist Salpetersäure (?).

Wismutnitrat ist in sehr wenig Wasser löslich; beim Verdünnen dieser Lösung mit Wasser scheidet sich ein weißer Niederschlag von basischem Salz aus (?). Für nachfolgende Versuche verwende man eine verdünnte, unter Zusatz von Salzsäure bereitete Lösung von Wismutnitrat.

2. Alkalihydroxyde und Ammoniak bilden weiße Niederschläge (?); schwer löslich im Überschuß der Fällungsmittel [1] (?), löslich in verdünnten Säuren (?) und in Seignettesalz (?). NYLANDERS *Reagens* (?).

---

[1] In konzentrierten Alkalilaugen löst sich Wismuthydroxyd, namentlich in der Wärme, in merklichen Mengen auf.

3. Schwefelwasserstoff fällt aus nicht zu stark sauren oder neutralen Lösungen das Wismut als braunes Sulfid (?); löslich in Mineralsäuren (?).

4. Versetzt man eine salzsaure Lösung von **Stannochlorid** so lange mit **Natronlauge**, bis sich der zuerst entstehende Niederschlag wieder gelöst hat (?) und ein neuer Zusatz von Natronlauge keine Fällung mehr hervorruft, und fügt dann allmählich eine Lösung von Wismutnitrat hinzu, so entsteht ein schwarzer Niederschlag von *metallischem Wismut* (?).

Verwendet man an Stelle der Wismutnitratlösung zu dieser Reaktion *Wismuthydroxyd* oder *basisches Salz*, so tritt Schwarzfärbung des Niederschlages ein (?). Man verfährt in der Weise, daß man entweder den abfiltrierten und ausgewaschenen Niederschlag auf dem Filter mit **Natriumstannitlösung** übergießt oder eine Aufschwemmung des Niederschlages in überschüssigem Fällungsmittel verwendet. Die Reaktion darf nur bei *gewöhnlicher Temperatur* und mit *frisch hergestellter Stannitlösung* ausgeführt werden, da sonst Störungen eintreten können.

5. Kaliumjodid erzeugt einen schwarzen Niederschlag (?), löslich im Überschuß des Fällungsmittels zu braunem *Kaliumwismutjodid* $K[BiJ_4]$. Beim Kochen des schwarzen Niederschlages mit Wasser entsteht ziegelrotes *Wismutoxyjodid* $BiOJ$.

6. Kaliumdichromat fällt gelbes krystallines *Bismutyldichromat* $(BiO)_2Cr_2O_7$ (?), schwer löslich in Wasser und Alkalilaugen, löslich in Mineralsäuren (?).

7. Trennung von Quecksilber, Blei, Kupfer, Cadmium.

1. Eine stark verdünnte Mischung von **Mercurichlorid, Bleiacetat, Kupfernitrat** und **Cadmiumnitrat** werde mit so viel **verdünnter Salzsäure** versetzt, daß die Mischung etwa 3% Salzsäure enthält[1]). Entsteht dabei ein Niederschlag, so erhitze man die Mischung zum Sieden und filtriere heiß.

2. Der *Niederschlag*, der einen Teil des Bleis enthält (?), wird durch mehrmaliges Aufgießen von heißem **Wasser** vom Filter gelöst und die erhaltene Lösung mit **verdünnter Schwefelsäure** und **Kaliumchromat** auf *Bleiion* geprüft. Sollte der Niederschlag beim Erwärmen völlig in Lösung gegangen oder

---

[1]) Man verdünne zu diesem Zweck die Lösung in einem *Meßzylinder* auf ein bestimmtes Volumen und berechne, wie viele Kubikzentimeter der aufstehenden Salzsäure zugegeben werden müssen, um eine 3%ige salzsaure Lösung zu erhalten (z. B. 100 ccm Ausgangslösung + 32 ccm 12,5%ige Salzsäure).

überhaupt kein Niederschlag ausgefallen sein, so unterbleibt seine Untersuchung.

3. Das in einem Becherglas befindliche *Filtrat* erhitzt man erneut zum Sieden und leitet dann in langsamem Strom so lange Schwefelwasserstoff ein, bis die zwischen dem Niederschlag befindliche Flüssigkeit völlig klar geworden ist und der Niederschlag nach Unterbrechung des Einleitens sich rasch in groben Flocken zu Boden setzt. Hierauf verdünnt man, ohne zu filtrieren, mit heißem Wasser auf das doppelte Volumen (?) und leitet nochmals in gleicher Weise Schwefelwasserstoff ein. Dann filtriert man sofort (?) ab und wäscht mit Wasser aus (Prüfung des Filtrates auf Vollständigkeit der Fällung). Filtrat und Waschwässer sind zu vernachlässigen!

4. Das Gemenge der *Sulfide* wird nach Durchstoßen des Filters mit Wasser in ein Reagensglas gespült und mit dem gleichen Volumen konz. Salpetersäure versetzt, so daß die Lösung etwa 34% Salpetersäure enthält. Die Mischung wird sodann einige Minuten bis fast zum Sieden erwärmt. Ist die Menge des Niederschlages nur gering, so kann derselbe auch direkt vom Filter gelöst werden, indem man mehrmals mit heißer Salpetersäure (1:1) hin und her filtriert. Unter Entwicklung *brauner Dämpfe* und Abscheidung von *Schwefel* geht die Hauptmenge (?) des Niederschlages in Lösung. Der verbliebene *Rückstand* wird nach dem Abfiltrieren und Auswaschen durch heiße verdünnte Salzsäure unter Zugabe einiger Krystalle Kaliumchlorat (?) vom Filter gelöst. Man dampft die Lösung stark ein (?) und prüft dann mit Stannochlorid auf *Quecksilber*.

5. Die nach Absatz 4 erhaltene salpetersaure *Lösung* wird mit einigen Kubikzentimetern verdünnter Schwefelsäure versetzt und in einer Porzellanschale oder einem Reagensglas bis zum Auftreten weißer Schwefelsäurenebel eingedampft (?). Nach dem Erkalten verdünnt man mit Wasser und filtriert von dem ausgefallenen Niederschlag ab. Dieser wird auf sein Verhalten gegenüber Ammoniumsulfid (?) und Natronlauge (?) geprüft.

6. Das *Filtrat* wird mit so viel Ammoniak versetzt, daß eine intensiv blau gefärbte Lösung (?) entsteht. Damit ist der Nachweis von *Kupfer* erbracht.

7. Die blaue Lösung wird mit so viel Kaliumcyanid versetzt, bis die blaue Farbe verschwunden ist (?). Beim Einleiten von Schwefelwasserstoff fällt *Cadmium* als gelbes oder braunes Sulfid aus.

Die Fällung der Sulfide kann auch durch Schwefelwasserstoffwasser erfolgen: Man verwendet eine weniger stark verdünnte Lösung der unter Absatz 1 genannten Salze, fügt konz. Salzsäure hinzu, bis die Lösung etwa 15% Salzsäure enthält, erhitzt zum Sieden und filtriert von dem etwa ausgefallenen *Bleichlorid* ab. Die Identifizierung des letzteren erfolgt nach Absatz 2.

Von dem *Filtrat* werden etwa 10 ccm in einem Erlenmeyerkolben von 200 ccm Fassungsvermögen nochmals zum Sieden erhitzt und in Anteilen von etwa 10—15 ccm mit gesättigtem Schwefelwasserstoffwasser versetzt, wobei jedesmal unter Verschluß mit einem Gummistopfen kräftig geschüttelt und mitunter von neuem erwärmt wird[1]). Sind etwa 50 ccm Schwefelwasserstoffwasser hinzugefügt, so läßt man absitzen oder filtriert eine kleine Probe der Mischung[2]) und prüft durch weiteren Zusatz von Schwefelwasserstoffwasser auf Vollständigkeit der Fällung. Das Ende der Fällung erkennt man an dem Ausbleiben einer Trübung bei weiterer Zugabe von Schwefelwasserstoffwasser und an dem bestehenbleibenden starken Geruch nach Schwefelwasserstoff. Der Verbrauch an Schwefelwasserstoffwasser soll bei dieser Arbeitsweise nicht über 150—180 ccm betragen (?). Ist er größer, so war die Ausgangslösung zu konzentriert. In diesem Fall ist die Ausfällung mit einer verdünnteren Lösung zu wiederholen. Welche *Konzentration an Salzsäure* besaß die Versuchslösung nach Beendigung der Fällung mit Schwefelwasserstoffwasser?

Die erhaltene *Sulfidfällung* wird in gleicher Weise, wie oben beschrieben (vgl. Absatz 4 und folgende), weiter behandelt, wobei auch die Fällung des *Cadmiums* nach Absatz 7 nicht durch Einleiten von Schwefelwasserstoff, sondern durch Zugabe von Schwefelwasserstoffwasser vorgenommen wird.

8. Arsen.

Arsen: As = 74,91; 5. Gruppe des periodischen Systems; Ordnungszahl 33; Wertigkeit —III, +III, +V.

Vorkommen: Gediegen (Scherbenkobalt, Fliegenstein). Gebunden als Sulfid (Arsenkies FeAsS, Realgar As_2S_2, Auripigment As_2S_3). In manchen Mineralquellen (Bad Dürkheim, Levico).

Verwendung: Zu Arsen-Kupferfarben (vgl. Unterabschnitt 4, S. 83); zur Schädlingsbekämpfung [Calciumarsenat $Ca_3(AsO_4)_2$, Bleiarsenat $Pb_3(AsO_4)_2$]. *Pharmazeutisch.* Arsentrioxyd, Acidum arsenicosum (Arsenik) As_2O_3; Kaliumarsenitlösung, Liquor Kalii arsenicosi (FOWLERsche Lösung) $KAsO_2$; beide gegen Anämie und gewisse Haut- und Nervenkrankheiten. Salvarsan gegen Lues, Tryparsamid gegen Schlafkrankheit.

Toxikologie: Alle Arsenverbindungen, besonders der flüchtige Arsenwasserstoff AsH_3 und Arsenik As_2O_3 sind sehr giftig.

Zu untersuchen: Arsentrioxyd (As_2O_3).

1. Das elementare *Arsen* existiert in mehreren *allotropen Modifikationen* (?). Beim Erhitzen ist es leicht flüchtig. — Es

---

[1]) Es genügt eine Erwärmung auf etwa 60—80° C. Nach Zugabe der letzten Anteile von Schwefelwasserstoffwasser darf nicht mehr erwärmt werden, da sonst die Gefahr besteht, daß Schwefelwasserstoff ausgetrieben wird und dann ein Teil der Fällung wieder in Lösung geht (?).

[2]) Die Probe wird nach Ausführung der Reaktion wieder mit der Hauptmenge vereinigt.

ist unlöslich in Salzsäure; von Salpetersäure wird es zu arseniger Säure und Arsensäure oxydiert (?). Königswasser bzw. Salzsäure und Kaliumchlorat verwandeln es in Arsensäure (?).

Arsenverbindungen färben die *Flamme* des Bunsenbrenners fahlblau (uncharakteristisch).

2. Alle arsenhaltigen Verbindungen liefern beim trockenen Erhitzen mit Kohle oder Alkalicyaniden einen glänzenden schwarzen *Arsenspiegel* und einen knoblauchähnlichen Geruch. Man erhitze etwas Arsentrioxyd mit Kaliumcyanid in einem trockenen Reagensglas zum Glühen (?).

***Verbindungen des III-wertigen Arsens.* 3.** Das *Arsentrioxyd* reagiert als *amphoterer Elektrolyt*; es verbindet sich sowohl mit Säuren, als auch mit Basen, wobei die Eigenschaften des Säureanhydrids stärker hervortreten. Man prüfe die Löslichkeit des Arsentrioxyds in Wasser, in Salzsäure, in Alkalihydroxyden (?). Reaktion der wäßrigen Lösung? Welche Ionen enthalt die wäßrige Lösung? Strukturformeln von *ortho-*, *pyro-* und *metaarseniger Säure?*

4. Eine durch Erwärmen mit Wasser hergestellte Lösung von Arsentrioxyd wird abgekühlt und filtriert. Mit der erhaltenen Lösung führe man folgende Reaktionen aus. Silbernitrat gibt zunächst keine Fällung. Erst bei tropfenweisem Hinzufügen von Ammoniak entsteht ein gelber flockiger Niederschlag (?); leicht löslich in überschüssigem Ammoniak (?) und Salpetersäure (?).

5. Man versetze die Lösung des Arsentrioxyds mit etwas verdünnter Salzsäure und füge in kleinen Anteilen eine verdünnte stärkehaltige Jod-Jodkaliumlösung[1]) hinzu. Es tritt Entfärbung ein (?). Noch besser gelingt die Reaktion bei Abwesenheit von freier Mineralsäure und Zugabe von Natriumbicarbonat (?).

6. Eine mit verdünnter Schwefelsäure angesäuerte Lösung des Arsentrioxyds werde tropfenweise mit Kaliumpermanganat versetzt. Es tritt Entfärbung bzw. Gelbfärbung der Lösung ein (?).

7. Schwefelwasserstoff fällt aus salzsaurer Lösung gelbes *Arsentrisulfid* aus (?). Man stelle eine größere Menge davon her und prüfe das Verhalten des abfiltrierten und ausgewaschenen Niederschlags durch die in Absatz 8 bis 11 angegebenen Reaktionen.

---

[1]) Jeweils *frisch* zu bereiten, indem man Jod-Jodkaliumlösung mit Stärkelösung versetzt und die erhaltene tiefblaue Lösung mit Wasser so stark verdünnt, daß sie im Reagensglas eben Licht hindurchtreten läßt.

8. *Arsentrisulfid* ist unlöslich in konz. Salzsäure, löslich in konz. Salpetersäure und Königswasser unter Bildung von *Arsensäure* (?).

9. In farblosem oder *hell*gelbem Ammoniumsulfid löst es sich zu *Ammoniumsulfarsenit* (?), während es mit gelbem Ammoniumsulfid (?) als *Ammoniumsulfarsenat* in Lösung geht (?). Strukturformeln?

10. Von Alkalilaugen, Ammoniak und Ammoniumcarbonat wird Arsentrisulfid ebenfalls gelöst, wobei gleichzeitig Arsenite und Sulfarsenite entstehen (?).

11. Aus den nach Absatz 9 und 10 erhaltenen Lösungen fällt beim Ansäuern *Arsensulfid* wieder aus (?). Versetzt man sie aber zuerst mit 30%iger Wasserstoffperoxydlösung und erwärmt einige Minuten zum Sieden, so tritt beim Ansäuern keine Fällung mehr ein (?). Auszuführen mit der Lösung des Sulfids in Ammoniak oder Ammoniumcarbonat.

12. Aus einer nicht mit Säure versetzten Lösung von Arsentrioxyd in Wasser fällt mit Schwefelwasserstoff kein Niederschlag aus. Die Lösung färbt sich nur intensiv gelb.

Kolloider Zustand.

Beim Einleiten von Schwefelwasserstoff in eine wäßrige Lösung von arseniger Säure bildet sich gelb gefärbtes Arsentrisulfid, das unter den vorliegenden Versuchsbedingungen nicht ausfällt, sondern in Lösung verbleibt. Obgleich diese Lösung äußerlich homogen erscheint, ist das Arsentrisulfid doch nicht in Form einzelner Molekeln in dem Lösungsmittel verteilt, sondern befindet sich in kolloidem Zustand. Dieser ist dadurch gekennzeichnet, daß eine Anzahl von Arsensulfidmolekeln zu größeren Molekelaggregaten zusammengelagert ist. Diese Aggregate werden als Kolloidteilchen bezeichnet. Sie sind wesentlich größer als die in echten Lösungen enthaltenen Teilchen, die aus einzelnen Molekeln oder Ionen bestehen. Molekulardispers oder iondispers verteilte Stoffe bezeichnet man im Gegensatz zu den Kolloiden als Krystalloide.

Das Kennzeichen des kolloiden Zustandes bildet die Größe der Teilchen eines Stoffes. Vereinbarungsgemäß bezeichnet man als kolloiden Stoff einen solchen, dessen einzelne Teilchen[1]) einen Durchmesser von 1—100 mµ (0,000001 bis 0,0001 mm) besitzen[2]). Kleinere Teilchen sind Krystalloide und

---

[1]) Die Grenzwerte gelten für annähernd runde Teilchen.

[2]) Es wurden mitunter auch andere Grenzwerte für die Abgrenzung des kolloiden Zustandes vorgeschlagen, auf die hier jedoch nicht eingegangen werden soll.

bilden echte Lösungen. Größere Teilchen bilden Aufschwemmungen (Suspensionen).

Bei kolloiden Lösungen lassen sich, ähnlich wie bei Suspensionen, zwei scharf gegeneinander abgegrenzte Zustandsgebiete („Phasen") unterscheiden, die durch die Kolloidteilchen, „disperse Phase" genannt, einerseits und das „Dispersionsmittel" (Lösungsmittel) andererseits gebildet werden. Trotzdem sind die Kolloidteilchen aber noch so klein, daß sie nicht wie die grobkörnigen Bestandteile mechanischer Aufschwemmungen zu sedimentieren vermögen.

Neben Kolloiden, die aus Molekelaggregaten bestehen, gibt es auch Stoffe, die aus Einzelmolekeln von der Größe kolloider Teilchen aufgebaut sind. Sie werden als Eukolloide bezeichnet. Zu ihnen gehören viele Naturstoffe, z. B. Stärke. Eiweiß.

Kolloide Lösungen — „Sole" genannt[1]) — zeichnen sich durch folgende Eigenschaften aus:

Die Kolloidteilchen vermögen nicht durch engporige Membranen zu diffundieren, falls sie größer sind als die Poren der Membran (z. B. Pergamentpapier, Kollodiummembranen). Diese Eigenschaft kann zur Trennung von kolloiden und krystalloiden Stoffen dienen (Dialyse).

In kolloide Lösungen einfallende Lichtstrahlen zeichnen sich als scharf begrenzte, hell leuchtende Lichtkegel ab, da die Kolloidteilchen das auf sie auftreffende Licht infolge ihrer Größe zu beugen vermögen (Tyndall-Phänomen). Infolge dieser Lichtbeugung wirkt jedes Teilchen wie eine Lichtquelle, die nach allen Seiten hin, auch senkrecht zur Einfallsrichtung der Lichtstrahlen, Licht aussendet. Wenn man daher einen Tyndall-Kegel mit einem stark vergrößernden Mikroskop senkrecht zum einfallenden Licht betrachtet, kann man die an sich unsichtbaren Kolloidteilchen als Beugungsscheibchen wahrnehmen (Ultramikroskopie).

Der osmotische Druck (bzw. die Gefrierpunktserniedrigung und Siedepunktserhöhung) kolloider Lösungen ist gegenüber krystalloiden Lösungen gleicher Konzentration stark vermindert, da infolge der Zusammenlagerung der Molekeln die Zahl der osmotisch wirksamen Teilchen wesentlich geringer ist.

Die Teilchen einer kolloiden Lösung sind elektrisch geladen und vermögen mit dem elektrischen Strom zu den Elektroden zu wandern (Elektrophorese). Der elektrische Ladungszustand wird in den meisten Fällen durch adsorbierte Ionen hervorgerufen und ist positiv bei Adsorption von Kationen und negativ bei Adsorption von Anionen.

---

[1]) Sole (*Singular:* Das Sol), nicht zu verwechseln mit „die Sole" = höher konzentrierte wäßrige Kochsalzlösung.

Die Art der Ladung ist abhängig von den Versuchsbedingungen, unter denen das Kolloid hergestellt wird, und kann ähnlich wie bei den Ionen aus der Wanderungsrichtung der Teilchen im elektrischen Feld bestimmt werden. Durch Zugabe genügender Mengen eines geeigneten Elektrolyten gelingt es, den Ladungssinn der Teilchen umzukehren (Umladung); z. B. nimmt das unter den oben erwähnten Bedingungen gewonnene, negativ geladene Arsensulfid bei Zugabe von Aluminiumsalzlösung positive Ladung an, indem es Al'''-Ionen in so reichlicher Menge adsorbiert, daß seine negative Ladung aufgehoben und durch eine positive Ladung ersetzt wird.

Die elektrische Ladung der Kolloide ist die Ursache für die Beständigkeit ihrer Lösungen, da die Abstoßung der gleichnamigen Ladungen die Kohäsionskräfte zwischen den Kolloidteilchen aufhebt und die Vereinigung zu grobdispersen Niederschlägen verhindert.

Durch den elektrischen Strom oder durch Zusatz von Elektrolyten in bestimmter Menge kann der Ladungszustand beseitigt werden, indem die Teilchen an den Elektroden ihre Ladung abgeben oder durch Aufnahme entgegengesetzt geladener Ionen von dem zugegebenen Elektrolyten entladen werden. Da mit dem Ladungszustand auch die abstoßenden elektrostatischen Kräfte zwischen den Teilchen verschwinden, gelangen die Kohäsionskräfte nunmehr voll zur Wirkung und bringen das Kolloid zur Ausfällung (Flockung, Koagulation).

Bei manchen ausgeflockten Kolloiden ist es möglich, die Ionen, die die Fällung bewirkt haben, mit reinem Dispersionsmittel (z. B. Wasser) auszuwaschen oder durch gewisse andere Ionen zu verdrängen, so daß der ursprüngliche Ladungszustand wiederhergestellt wird. Der Niederschlag geht dann wieder in Lösung. Dieser Vorgang, Peptisation genannt, hat analytische Bedeutung beim Auswaschen von Niederschlägen (z. B. „Durchlaufen" von Schwermetallsulfiden). Man bezeichnet Kolloide, die durch Peptisation wieder in Lösung gebracht werden können, als reversibel fällbare, solche, die nicht wieder in Lösung gehen, als irreversibel fällbare Kolloide.

Die Koagulierbarkeit der Kolloide und die Art ihrer Koagulation ist sehr verschieden. Während manche Kolloide schon auf die geringsten Elektrolytzusätze mit einer Ausflockung reagieren, verhalten sich andere außerordentlich widerstandsfähig. Zu den leicht flockbaren Kolloidlösungen gehören vor allem die Metallsole. Die aus ihnen entstehenden Niederschläge sind meist irreversibel gefällt und enthalten kein Dispersionsmittel. Sie sind lyophob [von λύειν (griech.) = auflösen, φόβος (griech.) = Furcht]. Im Gegensatz zu ihnen stehen die lyophilen Kolloide [von φιλεῖν (griech.) = lieben], z. B. Eiweiß, Pflanzenschleime, Eisenhydroxyd. Sie sind meist schwer koagulierbar und bilden bei der Koagulation gequollene Niederschläge, Gele genannt.

*die reichliche Mengen von Dispersionsmittel enthalten. Beim Ein-
dunsten geben die Gele das eingeschlossene Dispersionsmittel unter
starker Schrumpfung ab, quellen aber bei erneutem Zusatz von Dispersionsmittel wieder mehr oder weniger stark auf und gehen dann oft
wieder in Lösung.*

*Durch Zugabe eines lyophilen, schwer flockbaren Kolloids zu der Lösung
eines leicht fällbaren, lyophoben Kolloids kann die Koagulation des letzteren sehr
erschwert oder verhindert werden (Schutzkolloide). Diese Schutzwirkung beruht darauf, daß sich die Teilchen der beiden Kolloidarten miteinander vereinigen, wobei das entstehende Produkt die Eigenschaften des Schutzkolloids an-
nimmt.*

Verbindungen des V-wertigen Arsens. **13.** Etwas Arsentrioxyd wird mit konz. Salpetersäure übergossen und erwärmt (*Abzug!*). Es löst sich unter Entwicklung eines braun-
roten Gases allmählich auf (?). Man verjagt durch weiteres Erhitzen die Salpetersäure und führt mit der wäßrigen Lösung
des Rückstandes (?) folgende Reaktionen aus.

14. Magnesiumchlorid erzeugt nach Zusatz von Ammoniak und Ammoniumchlorid einen krystallinen Niederschlag
von *Magnesiumammoniumarsenat* (?) von charakteristischer
Krystallform (*Mikroskop*).

15. Salpetersaure Ammoniummolybdatlösung[1] liefert
beim Erhitzen eine gelbe Fällung von *Ammoniummolybdän-
arsenat* $(NH_4)_3[As(Mo_3O_{10})_4] \cdot 6\,H_2O$ (?), löslich in Ammoniak
und Natronlauge (?).

16. Leitet man in die mit Salzsäure angesäuerte Lösung in
der Kälte oder Wärme Schwefelwasserstoff ein, so bleibt
die Flüssigkeit zunächst klar, trübt sich dann allmählich unter
Abscheidung von *kolloidem Schwefel* (?) und bildet schließlich
einen gelben Niederschlag, der aus einem Gemisch von *Arsentrisulfid, Arsenpentasulfid* und *Schwefel* besteht (?).

*Die Abscheidung von reinem Arsenpentasulfid gelingt nur unter bestimm-
ten Versuchsbedingungen, z. B. beim Einleiten von Schwefelwasserstoff in eine
eisgekühlte, sehr stark salzsaure Lösung.*

17. Verhalten des Sulfidgemisches gegen konz. Salzsäure,
konz. Salpetersäure, Königswasser, Ammoniumsulfid, Alkalilaugen, Ammoniak, Ammoniumcarbonat? Verhalten gegen
Ammoniak bei gleichzeitiger Anwesenheit von Wasserstoffperoxyd?

---

[1] Herstellung der Lösung vgl. S. 52.

18. Mit Silbernitrat entsteht in salpetersaurer Lösung keine Fällung. Fügt man aber zu der Lösung tropfenweise Ammoniak hinzu, so fällt ein rotbrauner Niederschlag aus (?), löslich in Salpetersäure und überschüssigem Ammoniak (?). Man überschichte die salpetersaure Lösung mit Ammoniak (?).

19. Mit Kaliumjodid und Salzsäure entsteht *elementares Jod* (?). Blaufärbung bei Zugabe von Stärkelösung. — Durch welche Reaktionen läßt sich eine *Unterscheidung von arseniger Säure und Arsensäure* durchführen?

Arsenwasserstoff. **20.** Behandelt man Arsenverbindungen mit naszierendem Wasserstoff, so entsteht *Arsenwasserstoff* (?), woraus sich durch Erhitzen (*thermische Dissoziation*) leicht *metallisches Arsen* abscheiden läßt (?). Man versetze in einem Reagensglas etwas Arsenik mit verdünnter Schwefelsäure und einem Tropfen Kupfersulfatlösung (?) und füge ein oder zwei Stücke metallisches Zink hinzu. Das entstehende Gasgemisch (?) lasse man durch ein dünnes Rohr aus schwer schmelzbarem Glas, welches durch einen durchbohrten Stopfen dem Reagensglas aufgesetzt ist, entweichen. Man überzeuge sich nach kurzer Zeit davon, daß die Luft aus dem Rohr vertrieben ist, indem man ein Reagensglas über das Ende des Rohres stülpt und dessen Inhalt dann zur Entzündung bringt. Ist das Gasgemisch frei von Luft, so brennt es mit nur geringem Geräusch ab, während andernfalls eine deutliche Detonation eintritt[1]). Nachdem die Luft vollkommen vertrieben ist, wird zum *Nachweis des Arsenwasserstoffs* die Röhre bei schräger Haltung an einer Stelle mit der Sparflamme des Bunsenbrenners erhitzt. Es entsteht hinter der Erhitzungsstelle ein *Arsenspiegel.*

21. Man entferne dann den Brenner, entzünde das Gasgemisch an der Austrittsöffnung und bringe in die Flamme ein mit kaltem Wasser gefülltes Porzellanschälchen. Es bilden sich *braunschwarze Flecken,* die beim Benetzen mit ammoniakalischer Wasserstoffperoxydlösung verschwinden (?).

Da verschiedene Stoffe, auch organische Verbindungen und zu große Feuchtigkeitsmengen, störend wirken, eignet sich die Probe in der vorliegenden Form nicht zum Nachweis des Arsens im Analysengang. Die auf dem gleichen Prinzip beruhende, jedoch zur Vermeidung von Störungsmöglichkeiten weitgehend ausgestaltete MARSH-LIEBIGsche *Arsenprobe* dient in der Gerichtschemie zum Nachweis geringster Spuren von Arsen.

---

[1]) Ist noch Luft in der Apparatur enthalten, so besteht **Explosionsgefahr!** Bei Wiederholung der Prüfung des Gasgemisches auf Luftfreiheit achte man darauf, daß die Flamme in dem Reagensglas, mit dem die Prüfung des Wasserstoffs ausgeführt wird, *sicher erloschen* ist.

9. Antimon.

Antimon: Sb = 121,76; 5. Gruppe des periodischen Systems;
Ordnungszahl 51; Wertigkeit −III, +III, (+IV), +V.

Vorkommen: Gediegen (selten). Gebunden als Sulfid (Grauspießglanz
Sb_2S_3), als Oxyd (Antimonblüte Sb_2O_3).

Verwendung: Zu Legierungen (Letternmetall Pb + Sb + Sn); Goldschwefel
Sb_2S_5 zum Färben und Vulkanisieren von Kautschuk.
Pharmazeutisch. Antimontrichlorid, Butyrum Antimonii (Antimon-
butter) $SbCl_3$; basisches Antimonchlorid (Algarotpulver) SbOCl. Anti-
monpentasulfid, Stibium sulfuratum aurantiacum Sb_2S_5; Kaliumantimonyltartrat, Tartarus stibiatus (Brechweinstein) $C_4H_4O_6KSbO$
· $^1/_2 H_2O$; beide als Expektorantien und Brechmittel.

Zu untersuchen: Antimontrioxyd (Sb_2O_3),
Kaliumpyroantimonat, saures ($K_2H_2Sb_2O_7 \cdot 4\,H_2O$)[1]).

1. Sprödes Metall vom Schmelzpunkt 630° C; unlöslich in
Salzsäure. Durch Salpetersäure wird es zu *Antimonsäure* oxydiert, ohne sich zu lösen (?). Lösungsmittel ist Königswasser (?).

Antimonverbindungen färben die *Flamme* des Bunsenbrenners fahlblau (uncharakteristisch).

**Verbindungen des III-wertigen Antimons. 2. Anti-
montrioxyd** Sb_2O_3 ist amphoter. Das *Chlorid* entsteht beim Auflösen des Oxyds in Salzsäure (?). Mit der erhaltenen Lösung
stelle man folgende Reaktionen an.

Beim Verdünnen mit viel Wasser tritt *Hydrolyse* unter Bildung eines Niederschlages ein (?). Salzsäure löst den Niederschlag wieder auf (?).

3. Alkalien, Ammoniak und Alkalicarbonate fällen
weißes Hydroxyd (?), welches sich in überschüssigem Alkalihydroxyd wieder auflöst (?). *Antimonige Säure, Antimonite* (?).

4. Die in Antimonchloridlösung durch Wasser und Alkalien
hervorgerufenen Niederschläge lösen sich auf Zusatz von Weinsäure oder weinsauren Salzen (auszuführen mit Seignettesalz) wieder auf (?). Die entstehenden Tartrate erleiden keine
Hydrolyse. *Kaliumantimonyltartrat, Brechweinstein.*

5. Schwefelwasserstoff erzeugt in einer Lösung von
Antimontrichlorid oder in einer schwach sauren Brechweinstein-
lösung einen orangeroten oder seltener (besonders in der Wärme)
einen grauschwarzen Niederschlag (?). Löslichkeit in konz. Salzsäure, Königswasser, farblosem und gelbem Ammoniumsulfid,
Ammoniak?

---

[1]) Bezüglich der Formel des Kaliumpyroantimonats vgl. auch
S. 19, Anm. 3.

6. Kaliumpermanganat und **stärkehaltige Jod-Jodkaliumlösung** werden durch eine mit **Schwefelsäure** angesäuerte Lösung von Verbindungen des III-wertigen Antimons entfärbt (?).

Verbindungen des V-wertigen Antimons. 7. Das *Antimonpentoxyd* Sb_2O_5 bildet *Ortho-, Meta-* und *Pyroantimonsäure* (?). Die Mehrzahl der antimonsauren Salze leitet sich von der *Meta-* und *Pyroantimonsäure* ab.

8. Etwas saures Kaliumpyroantimonat werde mit Wasser einige Sekunden zum Sieden erhitzt und nach dem Erkalten filtriert. Das Filtrat gibt mit **verdünnter Salzsäure** eine weiße Fällung von *Antimonsäure* (?), die im Überschuß, besonders beim Erwärmen löslich ist (?). Die erhaltene Lösung von *Antimonpentachlorid* wird zu folgenden Reaktionen benützt.

9. Mit Kaliumjodid liefert die nach Absatz 8 erhaltene Lösung *elementares Jod* (?).

10. Man verdünne die Lösung des Antimonpentachlorids mit Wasser und leite **Schwefelwasserstoff** ein. Es entsteht eine orangerote Fällung (?). Löslichkeit des Niederschlags in konz. Salzsäure, konz. Salpetersäure, Alkalihydroxyd, Ammoniumsulfid, Ammoniumcarbonat, Ammoniak?

11. In die Lösung des Antimonpentachlorids bringe man ein **Stück metallisches Zink.** Es scheidet sich unter gleichzeitiger *Wasserstoffentwicklung metallisches Antimon* als schwarzer Niederschlag ab, während ein geringer Teil des Antimons zu *Antimonwasserstoff* reduziert wird (?). Man filtriere und koche den Niederschlag mit etwa 34%iger **Salpetersäure** (1 : 1); es entsteht zunächst eine meist klare Lösung, die sich bei weiterem Erhitzen unter Abscheidung eines weißen Niederschlages trübt(?).

Antimonwasserstoff. **12. Mit naszierendem Wasserstoff** entsteht aus Antimonverbindungen *Antimonwasserstoff* (?), der durch Erhitzen in der im Absatz *Arsenwasserstoff* (S. 94) beschriebenen Anordnung leicht gespalten werden kann. Es entsteht dabei ein glanzloser schwarzer *Antimonspiegel*, der jedoch von alkalischer Wasserstoffperoxydlösung **nicht** gelöst wird (Unterschied von Arsen).

10. Zinn.

Zinn: Sn = 118,70; 4. Gruppe des periodischen Systems; Ordnungszahl 50; Wertigkeit +II, +IV.

Vorkommen: Hauptsächlich als Oxyd (Zinnstein, Kassiterit SnO_2).

Verwendung: Als Zinnfolie, zu Tuben, Küchengeräten, zum Überziehen leicht oxydierbarer Bleche (Weißblech); zu Legierungen (Bronze Cu + Sn, Schnellot Sn + Pb). In der Färberei zum Beizen (Rosiersalz $SnCl_4 \cdot 5\,H_2O$; Pinksalz $(NH_4)_2[SnCl_6]$).

Zu untersuchen: Zinn, granuliert oder geraspelt (Sn),
Zinndioxyd (SnO_2).

1. Silberweißes, dehnbares, sehr beständiges Metall vom spezifischen Gewicht 7,3. *Zinn* bildet zwei Oxyde (?) von amphoterem Charakter. Mit Säuren verbinden sie sich zu Stanno- und Stannisalzen, mit Basen zu Stanniten und Stannaten (?).

Stannoverbindungen. **2.** Man übergieße in einer Porzellanschale einige Gramm metallisches Zinn mit konz. Salzsäure, erwärme gelinde unter dem Abzug, bis das Metall größtenteils gelöst ist (?) und vertreibe die Hauptmenge der Salzsäure. Die mit Wasser verdünnte Lösung gibt folgende Reaktionen.

3. Alkalihydroxyde und Ammoniak erzeugen weiße Niederschläge (?), die sich in überschüssigem Alkalihydroxyd, nicht dagegen in überschüssigem Ammoniak auflösen (?).

4. Mit Mercurichlorid entsteht eine zunächst weiße Fällung (?), die sich allmählich grau färbt (?).

5. Aus nicht zu stark sauren Lösungen von Stannochlorid fällt Schwefelwasserstoff einen schwarzen oder braunschwarzen Niederschlag (?); löslich in starker Salzsäure (?) und in gelbem Ammoniumsulfid (?), nicht löslich in farblosem Ammoniumsulfid (?).

6. Man versetze eine stark verdünnte salzsaure Stannochloridlösung mit Dithiol[1]) und erwärme gelinde. Es entsteht eine rosarote Fällung oder — in sehr verdünnten Lösungen — eine rote Färbung. Bei Anwesenheit größerer Mengen von Stannoion entstehen gelbliche Fällungen, die nicht charakteristisch sind.

---

[1]) Dithiol (abgekürzte Bezeichnung für Toluol-3,4-Dithiol) besitzt die Formel:

$$HS-\langle\ \rangle-CH_3$$
$$SH$$

Zur Herstellung des Reagens werden 0,2 g Dithiol in 100 ccm 1%iger Natronlauge gelöst. Die Lösung wird zur Erhöhung der Haltbarkeit mit 10 Tropfen Thioglykolsäure $CH_2(SH)COOH$ versetzt. Die erhaltene Lösung ist längere Zeit haltbar.

Stanniverbindungen. **7.** Etwas Stannochloridlösung wird mit **verdünnter Salzsäure** angesäuert und durch Zusatz von festem **Kaliumchlorat** unter Erwärmen oxydiert (?). Darauf wird das überschüssige Chlor durch Erhitzen vertrieben. Die Lösung enthält *Stannichlorid* und gibt mit Mercurichlorid keine Fällung (?). Man stelle mit ihr folgende Reaktionen an.

8. **Alkalihydroxyde, Ammoniak** und **Alkalicarbonate** fällen weißes *Stannihydroxyd* (?), das sich in Säuren zu Stannisalz (?), in Alkalihydroxyden zu Stannat (?) auflöst.

9. Aus schwach saurer Stannichloridlösung fällt **Schwefelwasserstoff** einen gelben Niederschlag aus (?); löslich in **starker Salzsäure** (?), **Ammoniak** (?) und **Alkalilaugen** (?). Stannisulfid löst sich ferner in gelbem *und* farblosem Ammoniumsulfid zu Sulfostannaten auf (?). Verdünnte Säuren scheiden aus einer solchen Lösung einen Niederschlag ab (?). Von den beiden Sulfiden des Zinns besitzt nur das *Stannisulfid* die Eigenschaft, ein Sulfosalz zu bilden.

10. Verdünnte **Salpetersäure** führt das metallische Zinn in der Kälte ohne Gasentwicklung unter gleichzeitiger Bildung von *Ammoniumnitrat* in *Stannonitrat* über (?). Stärker konzentrierte **Salpetersäure** dagegen oxydiert es, besonders in der Hitze, zur IV-wertigen Stufe und verwandelt es in ein weißes, in Wasser und überschüssiger Säure schwer lösliches Pulver (?); *Zinndioxydhydrat*, *Metazinnsäure* (β-Zinnsäure, b-Zinnsäure). — Die Metazinnsäure hat eine ähnliche Zusammensetzung, wie das obengenannte Stannihydroxyd[1]) (sog. α-Zinnsäure, a-Zinnsäure); sie unterscheidet sich aber von ihm durch ihre sehr geringe Löslichkeit in Säuren und Alkalien. Metazinnsäure besitzt gegenüber der α-Zinnsäure infolge Zusammenlagerung (*„Aggregation"*) von Molekeln größere Teilchen und läßt sich durch *Peptisation* leicht *kolloid* in Lösung bringen.

11. Durch *Schmelzen* mit festem **Alkalihydroxyd** wird Metazinnsäure in lösliches Stannat übergeführt (?).

12. Etwas Zinndioxyd werde mit der 6-fachen Menge eines Gemisches aus gleichen Teilen **Kaliumnatriumkarbonat** und **Schwefel** im Porzellantiegel langsam erhitzt (?) (*Abzug!*). Die entstehende Schmelze wird nach dem Erkalten mit Wasser aufgenommen; das Filtrat wird mit **verdünnter Salzsäure** versetzt (?) (*Abzug!*).

13. Man erhitze Zinndioxyd im Porzellantiegel mit der 4-fachen Menge **Kaliumcyanid**. Es entsteht *metallisches*

---

[1]) Der Hauptunterschied in der Zusammensetzung besteht vermutlich darin, daß Metazinnsäure weniger Wasser enthält als die sog. α-Zinnsäure.

Zinn (?). Nach dem Erkalten behandle man die Schmelze mit Wasser, zerdrücke, nachdem alles Kaliumcyanid sorgfältig entfernt ist, das Zinnkorn in einer Reibschale mit Hilfe des Pistills zu einem dünnen Blech und löse es dann in verdünnter Salzsäure. Die Lösung versetze man mit Mercurichlorid (?).

14. An ein Magnesiastäbchen bringe man ein Gemisch von Phosphorsalz, Kaliumnitrat und Kupferacetat[1]) und erhitze in der Oxydationsflamme, bis die Gasentwicklung beendet ist. Sodann bringe man an die Perle etwas Zinnchlorürlösung und erhitze in der Oxydationsflamme, bis die Masse klar geschmolzen ist. Darauf halte man die Probe etwa $1/_2$ Minute in den oberen Teil des inneren blauen Reduktionskegels. Es tritt, gelegentlich schon in der Flamme, häufiger erst beim Abkühlen, eine rote, fast durchsichtige Färbung auf. Sollte die Perle nicht durchsichtig sein, so ist der Vorgang nochmals mit weniger Zinnchlorürlösung oder mehr Salzmischung zu wiederholen.

11. Trennung von Arsen, Antimon und Zinn.

1. Aus einer stark verdünnten Lösung von Stannochlorid, Brechweinstein und Arsentrioxyd in verdünnter Salzsäure werden nach einem der auf S. 87 und 88 beschriebenen Verfahren mit Schwefelwasserstoff die Sulfide von Arsen, Antimon und Zinn ausgefällt.

2. Der abfiltrierte und sorgfältig (?) mit Wasser ausgewaschene Niederschlag wird einige Minuten unter gelindem Erwärmen mit gesättigter Ammoniumcarbonatlösung digeriert. Man filtriert und behandelt das *Filtrat* einige Minuten in der Hitze mit 30%iger Wasserstoffperoxydlösung, bis eine Probe der Lösung beim Ansäuern keine Fällung mehr gibt (?). Sodann filtriere man von nicht gelöstem Schwefel ab und weise das *Arsen* durch Fällung mit Magnesiumchlorid nach (Krystallform).

3. Der nach Absatz 2 erhaltene *Rückstand* von der Ammoniumcarbonatbehandlung (?) wird in konz. Salzsäure gelöst (?) und von dem verbleibenden unlöslichen Rest (?) abfiltriert. Man dampfe das Filtrat zur Entfernung des Schwefelwasserstoffs und der Hauptmenge der Salzsäure auf etwa ein Viertel seines Vo-

---

[1]) Herstellung der Salzmischung: In einer Reibschale werden 7,5 g Phosphorsalz $NaNH_4HPO_4 \cdot 4H_2O$, 2,5 g Kaliumnitrat KNO_3 und 0,01 g Kupferacetat $Cu(CH_3COO)_2 \cdot H_2O$ gründlich verrieben.

lumens ein, verdünne mit Wasser und gebe ein Stück metallisches Zink in die Lösung (?). Nach Beendigung der Wasserstoffentwicklung (Überschuß an Zink!) werden die abgeschiedenen Metalle abfiltriert und mit wenig konz. Salzsäure behandelt. Die hierbei erhaltene Mischung wird (nach Verdünnen) nochmals filtriert und das Filtrat mit Mercurichlorid auf *Zinn* geprüft.

4. Der nach Absatz 3 erhaltene schwarze *Rückstand* von *metallischem Antimon* wird mit etwa 34%iger Salpetersäure (1 : 1) 1—2 Minuten lang gekocht (?). Man filtriert von der ausgefallenen *Antimonsäure* ab, wäscht mit kaltem Wasser aus, löst in verdünnter Salzsäure (?) und weist *Antimon* durch Einleiten von Schwefelwasserstoff in die verdünnte Lösung oder durch Zugabe von Schwefelwasserstoffwasser nach.

Vierter Abschnitt.

1. Borsäure. H_3BO_3.

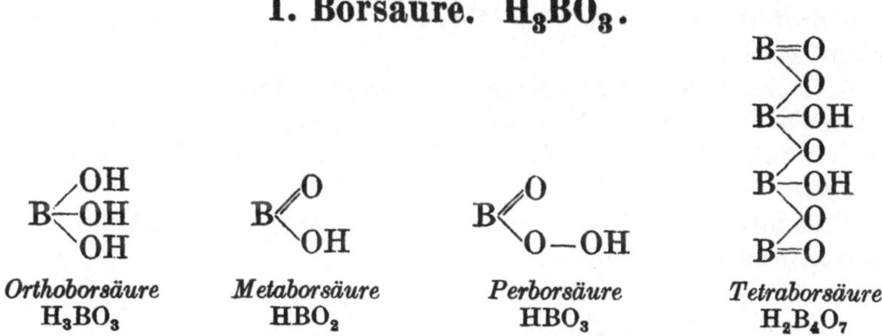

Bor: B = 10,82; 3. Gruppe des periodischen Systems; Ordnungszahl 5; Wertigkeit +III.

Vorkommen: Als Borsäure (Sassolin H_3BO_3), als Natriumtetraborat (Tinkal $Na_2B_4O_7 \cdot 10\,H_2O$); im Meerwasser.

Biologische Bedeutung: In geringen Mengen erforderlich zur Aufrechterhaltung normalen Pflanzenwachstums (Verhinderung der „Trockenfäule" bei Rüben).

Verwendung: Borsäure. Bestandteil des Jenaer Geräteglases; zur Konservierung bestimmter Lebensmittel (Krabben u. a.). — Perborsäure. Bestandteil von Wasch- und Bleichmitteln (Persil).
Pharmazeutisch. Borsäure, Acidum boricum (Borwasser, Borsalbe) H_3BO_3; Natriumtetraborat, Borax $Na_2B_4O_7 \cdot 10\,H_2O$; beide als milde Desinfizientien.

Zu untersuchen: Natriumtetraborat $(Na_2B_4O_7 \cdot 10\,H_2O)$.

1. Die konzentrierte Lösung des Natriumtetraborats gibt mit konz. Salzsäure eine krystalline Ausscheidung von *Borsäure* (?).

2. Tränkt man Curcumapapier mit einer salzsauren Boratlösung und trocknet es, so färbt es sich rotbraun. Beim Befeuchten des getrockneten Papiers mit Ammoniak geht die Färbung in Blauschwarz über.

3. Man versetze im Reagensglas etwas festes Natriumtetraborat mit Methylalkohol, füge einige Tropfen konz. Schwefelsäure hinzu und erhitze unter Umschütteln zum Sieden. Die entweichenden Dämpfe (?) brennen mit einer charakteristischen grünen oder grüngesäumten Flamme.

4. Die hinreichend konzentrierte Lösung des Natriumtetraborats gibt mit **Calcium**- und **Bariumchlorid** weiße Niederschläge von Metaboraten (?), welche in Säuren (?) und Ammoniumsalzen löslich sind. Bei Anwesenheit von Ammoniumsalzen unterbleibt daher die Fällung.

5. **Silbernitrat** gibt einen weißen Niederschlag von *Silbermetaborat* (?), der mit viel Wasser, besonders beim Erwärmen braun wird (?).

6. Beim *Erhitzen* am Magnesiastäbchen schmilzt Borax unter Wasserverlust (?); die Schmelze löst gewisse Metallverbindungen mit charakteristischer Farbe (?) (auszuführen mit **Kobaltonitrat**).

Borsäure und ihre Verbindungen färben die *Flamme* des Bunsenbrenners grün.

2. Schwefelwasserstoff. H₂S.

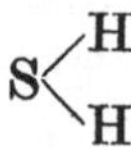

Verwendung: Pharmazeutisch. Sulfid. Kaliumpolysulfid, Kalium sulfuratum pro balneo (Hauptbestandteil K_2S_5); Calciumpentasulfidlösung, Solutio Vleminckx (Hauptbestandteil CaS_5). In Schwefelwässern.

Zu untersuchen: Schwefelwasserstoffwasser (H_2S),
                Ammoniumsulfid $(NH_4)_2S$.

1. *Schwefelwasserstoff* ist löslich in Wasser. Bei 20° C löser sich in 100 ccm Wasser 290 ccm oder 0,44 g Schwefelwasserstoffgas auf. Welche Ionen enthält die Lösung? Das entstehende *Schwefelwasserstoffwasser* hat die Eigenschaften einer schwachen zweibasischen Säure [Prüfung mit Lackmuspapier (?)]. Es trübt sich allmählich an der **Luft** unter Abscheidung von *Schwefel* (?), der dann langsam zu *Schwefelsäure* oxydiert wird (?). *Schwefelwasserstoff ist ein wichtiges, häufig gebrauchtes Reagens der analytischen Chemie.*

2. Ammoniumsulfid färbt sich beim Stehen an der Luft durch *Oxydation* allmählich gelb (?).

3. Die frisch bereitete farblose Flüssigkeit entwickelt mit Säuren Schwefelwasserstoff ohne, die gelb gewordene Flüssigkeit mit gleichzeitiger Abscheidung von *Schwefel* (?).

4. Man versetze verdünnte Lösungen von Bleiacetat und Silbernitrat mit Schwefelwasserstoffwasser (?), mit farblosem oder *hell*gelbem Ammoniumsulfid (?). Ein Filtrierpapierstreifen werde mit Bleiacetat getränkt („Bleiacetatpapier") und über ein Gefäß mit Ammoniumsulfid gehalten. *Empfindlicher Nachweis von Schwefelwasserstoff.*

5. Man versetze Schwefelwasserstoffwasser mit Nitroprussidnatrium [Fe(CN)$_5$NO]Na$_2$ · 2 H$_2$O. Es tritt keine Reaktion ein. Hierauf füge man Natronlauge hinzu, wobei eine Violettfärbung entsteht. Nur *sekundäres Sulfidion* gibt die Reaktion.

6. Man versetze Ammoniumsulfid im Reagensglas mit festem Cadmiumcarbonat, schüttle kräftig und filtriere von dem gelb gefärbten Rückstand (?) ab. Das Filtrat ist frei von Sulfidion und Polysulfidion und gibt daher mit Nitroprussidnatrium keine Reaktion mehr.

7. Versetzt man Schwefelwasserstoffwasser mit Schwefelsäure und Kaliumpermanganat oder mit Schwefelsäure und stärkehaltiger Jod-Jodkaliumlösung[1]), so tritt Entfärbung ein (?).

8. Von den Schwermetallsulfiden sind diejenigen des Arsens und des Quecksilbers sowie einige natürlich vorkommende Sulfide durch Säuren schwer angreifbar. Um in ihnen Sulfidion nachzuweisen, ist es erforderlich, sie entweder mit Zink und Salzsäure oder Schwefelsäure zu behandeln und den entweichenden *Schwefelwasserstoff* mit Bleiacetatpapier nachzuweisen, oder sie durch Schmelzen mit Kaliumnatriumcarbonat in lösliches *Alkalisulfid* überzuführen. Man erkläre beide Vorgänge am Beispiel des Quecksilbersulfids, wobei im ersteren Falle die *elektrochemische Spannungsreihe der Metalle* zu berücksichtigen ist.

3. Schweflige Säure. H$_2$SO$_3$.

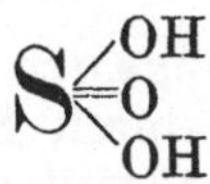

Verwendung: Als Bleichmittel für Strohgeflechte, Papier und Zellstoff; als Konservierungsmittel für Wein und Obstdauerwaren (Schwefelräucherung; Kaliummetabisulfit K$_2$S$_2$O$_5$).

Zu untersuchen: Natriumsulfit (Na$_2$SO$_3$ · 7 H$_2$O),
Schweflige Säure (H$_2$SO$_3$).

---

[1]) Herstellung der Lösung vgl. S. 89, Anm. 1.

1. Mit Schwefelsäure oder Salzsäure braust Natriumsulfit auf (?). *Schwefeldioxyd* entsteht auch durch Reduktion der Schwefelsäure, z. B. beim Erhitzen von konz. Schwefelsäure mit Tartraten (auszuführen mit Seignettesalz) oder Kupfer (?). Es wird von Wasser in reichlicher Menge aufgenommen unter Bildung von *schwefliger Säure* (?).

2. Die schweflige Säure ist ein kräftiges *Reduktionsmittel* (?). Die gelbe Lösung von Kaliumchromat wird durch sie sogleich grün (?).

3. Man versetze im Reagensglas etwas verdünnte Ferrichloridlösung mit schwefliger Säure und erhitze, bis die Hauptmenge des überschüssigen Schwefeldioxyds vertrieben ist. Sodann prüfe man mit Kaliumferricyanid auf *Ferroion* und mit Ammoniumrhodanid auf *Ferriion* (?).

4. Stärkehaltige Jod-Jodkaliumlösung wird durch schweflige Säure entfärbt (?).

5. Man tränke einen Filtrierpapierstreifen mit einer stärkehaltigen Lösung von Kaliumjodat KJO_3 und lege ihn über ein mit schwefliger Säure gefülltes Gefäß. Es tritt zuerst Blaufärbung ein (?), die nach einiger Zeit wieder verschwindet (?).

6. Mit Bariumchlorid gibt Natriumsulfit einen weißen Niederschlag (?), der von kalter verdünnter Salzsäure gelöst wird (?). War das verwendete Natriumsulfit unrein, so verbleibt beim Lösen in Salzsäure ein Rückstand (?). Die nötigenfalls filtrierte salzsaure Lösung werde mit einigen Tropfen Chlorwasser versetzt (?).

7. Frisch bereitete (?) *schweflige Säure* wird durch Bariumchlorid nicht gefällt (?), wohl aber bei Zusatz von Chlorwasser (?).

8. Beim Einleiten von Schwefelwasserstoff in schweflige Säure fällt *Schwefel* aus (?).

9. Mit Zink und Salzsäure entwickelt Natriumsulfit *Schwefelwasserstoff* (?), der durch Schwarzfärbung von Bleiacetatpapier nachgewiesen wird (?).

10. Eine verdünnte Lösung von Natriumsulfit werde mit etwa dem gleichen Volumen Zinksulfatlösung und einigen Tropfen Nitroprussidnatriumlösung versetzt. Es tritt eine erdbeerrote Färbung auf; bei Zugabe einiger Tropfen Kaliumferrocyanidlösung fällt ein erdbeerrot gefärbter Niederschlag aus.

11. Die schweflige Säure wirkt auf viele **Farbstoffe** bleichend (?). Man versetze Natriumsulfit tropfenweise mit **Fuchsin-Malachitgrünlösung**[1]); es tritt Entfärbung ein.

12. Beim *trockenen Erhitzen* zerfällt Natriumsulfit in Sulfat und Sulfid (?). Behandelt man den Glührückstand nach dem Erkalten mit **Salzsäure**, so entweicht *Schwefelwasserstoff* (?).

4. Thioschwefelsäure. $H_2S_2O_3$.

$$S\begin{cases} OH \\ O \\ O \\ SH \end{cases}$$

Verwendung: **Natriumthiosulfat.** In der Photographie (Fixiersalz); in der Maßanalyse (Jodometrie). Zur Beseitigung von Chlor „*Antichlor*" (bei der Chlorbleichung).

Pharmazeutisch. Natriumthiosulfat, Natrium thiosulfuricum $Na_2S_2O_3 \cdot 5 H_2O$ gegen Vergiftungen (Arsen, Blei).

Zu untersuchen: Natriumthiosulfat $(Na_2S_2O_3 \cdot 5 H_2O)$.

1. Beim *Erhitzen im Reagensglas* schmilzt Natriumthiosulfat im Krystallwasser und wird dann unter Wasserverlust wieder fest; bei stärkerem Erhitzen färbt es sich sodann schwarz und liefert beim Erkalten eine gelbbraune Masse von *Natriumpolysulfid* und *Natriumsulfat* (?); *Disproportionierung.* Daneben entsteht ein *Sublimat* von *Schwefel* (?) (Unterschied von Sulfit) und ein schwacher Geruch nach *Schwefelwasserstoff* (?). Das Thiosulfat verhält sich beim Erhitzen und auch bei anderen Reaktionen wie Sulfit + Schwefel.

2. Eine Lösung von Natriumthiosulfat gibt beim Versetzen mit **verdünnter Salzsäure** eine Trübung und einen charakte-

---

[1]) **Fuchsin** und **Malachitgrün** sind synthetische Farbstoffe von der Formel:

$$\left[\begin{array}{c} H_2N-\bigcirc \\ \\ H_2N-\bigcirc \\ | \\ CH_3 \end{array} C=\bigcirc NH_2\right] Cl \qquad \left[(CH_3)_2N-\bigcirc \overset{\bigcirc}{\underset{\bigcirc}{}} C=\bigcirc=N(CH_3)_2\right] Cl$$

$$\text{Fuchsin} \qquad\qquad\qquad \text{Malachitgrün}$$

Zur Herstellung der Lösung werden 0,19 g Fuchsin und 0,06 g Malachitgrün in 1000 ccm Wasser gelöst. Die wäßrige Lösung ist nur einige Monate haltbar. Tritt eine Verfärbung auf, so ist die Lösung verdorben und muß frisch hergestellt werden.

ristischen Geruch (?). Bei verdünnten Lösungen tritt die Reaktion erst in der Siedehitze nach einiger Zeit auf (?).

3. Stärkehaltige Jod-Jodkaliumlösung wird durch Thiosulfat unter Bildung von *Natriumtetrathionat* $Na_2S_4O_6$ (Strukturformel?) entfärbt (?).

4. Silbernitrat gibt einen weißen Niederschlag (?), der rasch braun wird, indem er unter Bildung von schwarzem *Silbersulfid* und *Schwefelsäure* Hydrolyse erleidet (?). Silberthiosulfat und andere schwer lösliche Silbersalze sind in überschüssigem Natriumthiosulfat unter Komplexbildung löslich (?).

5. Gegen Zink und Salzsäure verhält sich Thiosulfat wie Sulfit (?).

5. Trennung von Sulfid, Sulfit, Thiosulfat und Sulfat.

1. Man verwende eine verdünnte Lösung von **Ammoniumsulfid** (bzw. Ammoniumpolysulfid), **Natriumsulfit, Natriumthiosulfat** und **Ammoniumsulfat** und mache durch Zugabe von einigen Tropfen **Natriumcarbonat** schwach alkalisch.

2. Die Lösung wird im Reagensglas mit festem **Cadmiumcarbonat** versetzt, kräftig geschüttelt und von dem Rückstand abfiltriert. Man wäscht mit Wasser aus (Waschwässer vernachlässigen!) und erkennt die Anwesenheit von *Sulfid* im Rückstand an der Gelbfärbung des letzteren und an der Entwicklung von *Schwefelwasserstoff* mit **Salzsäure**. Eine Probe des Filtrats wird mit **Nitroprussidnatrium** auf Vollständigkeit der Sulfidentfernung geprüft. Sollte noch eine Violettfärbung entstehen, so ist die Behandlung mit Cadmiumcarbonat zu wiederholen.

3. Ein zweiter Teil des nach Absatz 2 erhaltenen *Filtrats* wird mit **Nitroprussidnatrium, Zinksulfat** und **Kaliumferrocyanid** sowie mit **Fuchsin-Malachitgrünlösung** auf *Sulfit* geprüft.

4. Ein weiterer Teil des nach Absatz 2 erhaltenen Filtrats wird sodann mit **konz. Salzsäure** versetzt und etwa $^1/_4$ Stunde bei Siedetemperatur erhalten. Die entstehende weiße bis gelbe Trübung ist für *Thiosulfat* beweisend.

5. Die nach Absatz 4 erhaltene getrübte Lösung wird nach dem Erkalten mit einigen Kubikzentimetern **Chloroform** versetzt und etwa $^1/_2$ Minute kräftig geschüttelt (?). Man läßt absitzen und filtriert die wäßrige Lösung. Eine Probe des klaren Filtrats prüft man durch nochmaliges Erhitzen mit konz. Salzsäure auf Vollständigkeit der Fällung. Die Hauptmenge wird zur Ausfällung des *Sulfats* mit Bariumchlorid versetzt. Identifizierung des filtrierten und ausgewaschenen Niederschlages von Bariumsulfat durch die *Heparprobe* am Magnesiastäbchen.

Die Trennung kann auch in folgender Weise erfolgen: Man verwendet die unter Absatz 1 angegebene Lösung und entfernt *Sulfidion* nach Absatz 2 mit Cadmiumcarbonat. In Proben des nach Absatz 2 erhaltenen sulfidfreien Filtrats prüft man nach Absatz 3 auf *Sulfit*, und nach Absatz 4 auf *Thiosulfat*. Den Rest neutralisiert man mit verdünnter Essigsäure gegen Lackmuspapier und versetzt sodann in der Siedehitze mit Strontiumnitrat. Hierdurch werden *Sulfat* und *Sulfit* quantitativ gefällt (?), während Thiosulfat in Lösung verbleibt. Man filtriert, wäscht mit Wasser gründlich aus (Waschwässer vernachlässigen!) und behandelt den *Rückstand* auf dem Filter mehrmals in der Kälte mit 5%iger Salzsäure, wodurch das *Strontiumsulfit* in Lösung geht (?) (Geruch nach *Schwefeldioxyd*). Der Rückstand (?) wird mit Wasser ausgewaschen und sodann durch die Heparprobe am Magnesiastäbchen identifiziert. Da Strontiumsulfat ebenfalls in Salzsäure etwas löslich ist, prüfe man auch in der salzsauren Lösung mit Bariumchlorid auf *Sulfat*.

6. Schwefel, Phosphor, Kohlenstoff.

Verwendung: Pharmazeutisch. Schwefel. Sublimierter Schwefel, Sulfur sublimatum; gefällter Schwefel, Sulfur praecipitatum; beide als Abführmittel und als epidermislösende Mittel gegen Ekzeme u. a. — Phosphor. Vgl. Unterabschnitt 1, S. 50. — Kohlenstoff. Medizinische Kohle, Carbo medicinalis als Adsorptionsmittel bei Darmkrankheiten.

Zu untersuchen: Schwefel (*S*),
     roter Phosphor (*P*),
     Kohle (*C*).

Schwefel. 1. Freier *Schwefel* kommt in *drei allotropen Modifikationen* (?) vor, die sich durch Dichte, Schmelzpunkt und Krystallform unterscheiden.

Man *erhitze* etwas Schwefel im Reagensglas. Er schmilzt bei 114,5° C zu einer gelben, leicht beweglichen Flüssigkeit; beim stärkeren Erhitzen wird diese zähflüssig und dunkelbraun (220° C) und bei noch weiterer Wärmezuführung wieder dünnflüssig, unter Beibehaltung der dunkelbraunen Färbung. Bei 444,5° C siedet Schwefel und scheidet sich an den kälteren Stellen des Reagensglases als feiner Belag wieder ab (*Schwefelblumen*). Der Umwandlungspunkt der zwei krystallinen Modifikationen des Schwefels liegt bei 95,5° C. Unterhalb dieser Temperatur ist nur rhombischer, oberhalb nur monokliner Schwefel beständig.

2. Man bringe etwas Schwefel an das Magnesiastäbchen und entzünde ihn. Es tritt ein stechender Geruch auf (?).

3. In Schwefelkohlenstoff[1]) löst sich krystalliner Schwefel leicht auf und krystallisiert aus der Lösung beim langsamen Verdunsten in einer kleinen Porzellanschale wieder aus.

4. Durch Kochen mit konz. Salpetersäure oder Königswasser läßt sich Schwefel langsam in Lösung bringen (?). Die Lösung gibt nach dem Verdünnen mit Bariumchlorid eine weiße Fällung (?).

5. Durch heiße Alkalilaugen (auch Alkalicarbonate) wird Schwefel ebenfalls gelöst (?). Die erhaltene, nötigenfalls filtrierte Lösung werde mit Salzsäure angesäuert. Es tritt bei genügender Konzentration sofort eine weiße Fällung auf (?). Bei verdünnteren Lösungen bildet sich zunächst *kolloider Schwefel*, der erst allmählich in äußerst fein verteilten *amorphen Schwefel* übergeht (*Lac sulfuris, Schwefelmilch*).

Phosphor. 6. Elementarer *Phosphor* ist in *drei Modifikationen* bekannt, die sich in ihren Eigenschaften stark voneinander unterscheiden (?). *Farbloser Phosphor* ist sehr reaktionsfähig und giftig, *roter Phosphor* ist weniger reaktionsfähig und ungiftig. Die stabilste Form ist der seltene *schwarze Phosphor*.

7. Man *erhitze* etwas roten Phosphor vorsichtig im Reagensglas. Es entsteht ein weißgelber Rauch, der mit fahler Flamme verbrennt (?). Gleichzeitig bildet sich ein *gelbrotes Sublimat*.

8. Roter Phosphor ist unlöslich in Salzsäure, langsam löslich in heißer konz. Salpetersäure (?) und Königswasser (?). Man verdünne die salpetersaure Lösung und prüfe mit Ammoniummolybdat auf Phosphation.

Kohlenstoff. 9. *Kohlenstoff* tritt in *zwei allotropen Modifikationen*, als *Diamant* und *Graphit* auf. Eine dritte Form ist der *mikrokrystalline Kohlenstoff* (fälschlich auch als *amorpher Kohlenstoff* bezeichnet), der sich jedoch von Graphit nur durch den Verteilungsgrad unterscheidet. Alle drei Formen liefern bei der Verbrennung *Kohlendioxyd*.

10. Beim *Erhitzen* im Reagensglas oder in einem Porzellantiegel kommt Kohle zum Glühen und verbrennt schließlich ohne Flammenerscheinung (?) (*„Verglimmen"*). Man schmelze etwas Kaliumnitrat im Reagensglas und streue vorsichtig Kohle in die Schmelze ein. Es findet lebhafte Verbrennung statt (?).

---

[1]) **Vorsicht Feuergefahr!** Man sorge dafür, daß keine brennenden Flammen in der Nähe sind! Die Verdunstung wird bei gewöhnlicher Temperatur (evtl. Handwärme) oder über einem Zentralheizungskörper ausgeführt.

11. Etwas Kohle werde mit der 2- bis 3-fachen Menge Cuprioxyd vermengt und in einem Reagensglas, das mit einem Gasüberleitungsrohr versehen ist, erhitzt. Das entweichende Gas wird in Barytwasser eingeleitet und erzeugt eine Trübung (?).

12. Kohlenstoff ist gegen Lösungsmittel indifferent. Durch stark oxydierend wirkende Säuren wird er langsam in *Kohlendioxyd* übergeführt. Durch Wasser läßt sich Kohle schwer benetzen; im fein verteilten Zustand schwimmt sie daher trotz ihres höheren spezifischen Gewichtes in charakteristischer Weise an der Oberfläche (?).

7. Chlorsauerstoffsäuren.

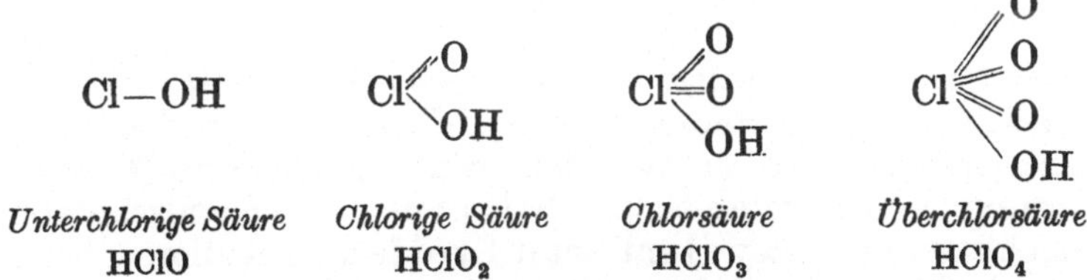

Unterchlorige Säure	*Chlorige Säure*	*Chlorsäure*	*Überchlorsäure*
$HClO$	$HClO_2$	$HClO_3$	$HClO_4$

Verwendung: Unterchlorige Säure. Als Bleich- und Desinfektionsmittel (Chlorkalk; Eau de Javelle NaClO + NaCl). — Chlorsäure. Kaliumchlorat, Kalium chloricum $KClO_3$ als Gurgelwasser.

Zu untersuchen: Chlorwasser ($Cl_2 + HCl + HClO$),
Chlorkalk [enthält: $Ca(ClO)_2 \cdot 2\,Ca(OH)_2$, $CaCl_2$
$\cdot\, Ca(OH)_2 \cdot H_2O$, $CaCl_2 \cdot 4\,H_2O$],
Kaliumchlorat ($KClO_3$),
Natriumperchlorat ($NaClO_4$).

Unterchlorige Säure. **1.** Die *Hypochlorite der Alkali- und Erdalkalimetalle* entstehen beim Einleiten von Chlor in die kalte Lösung bzw. Suspension der Hydroxyde unter gleichzeitiger Bildung von Chlorid (?). Man versetze Natronlauge mit der 6- bis 8-fachen Menge Chlorwasser und gebe zu dieser Lösung eine Aufschwemmung von Ferrohydroxyd, die aus Ferrosulfat und Natronlauge frisch bereitet wurde (?).

2. Man versetze Chlorkalk mit wenig Wasser, befeuchte damit rotes Lackmuspapier und hauche darauf; es tritt zuerst Blaufärbung, dann Entfärbung ein (?). Man wiederhole den gleichen Versuch mit Chlorwasser unter Verwendung von blauem Lackmuspapier (?). Wie wird Chlorkalk technisch hergestellt?

3. Eine wäßrige Aufschwemmung von Chlorkalk versetze man mit Natriumcarbonat und filtriere (?). Zu einem Teil des Filtrats füge man Indigokarminlösung; es tritt Entfärbung oder Gelbfärbung ein (?).

Herstellung der Indigokarminlösung: 0,2 g Indigokarmin[1]) werden in 100 ccm Wasser gelöst. Erfolgt keine vollständige Lösung, so wird filtriert.

4. Ein weiterer Teil des Filtrats werde mit Salpetersäure angesäuert und mit Silbernitrat versetzt (?).

5. Beim Schütteln der mit Schwefelsäure angesäuerten Natriumhypochloritlösung mit metallischem Quecksilber entsteht braunes *basisches Quecksilberchlorid* Hg_2OCl_2 (?).

Chlorsäure. **6.** *Kaliumchlorat* entsteht beim Erhitzen von Kaliumhypochloritlösung (?) oder beim Einleiten von Chlor in heiße Kalilauge (?). Technische Darstellung?

7. *Im Reagensglas erhitzt,* schmilzt festes *Kaliumchlorat* leicht und entwickelt ein farbloses Gas (?). Der Rückstand enthält *Kaliumchlorid* und *-perchlorat.* Man prüfe die filtrierte (?) wäßrige Lösung des Rückstandes mit Silbernitrat. Gemische von Kaliumchlorat und oxydierbaren Stoffen explodieren beim Erhitzen heftig. Vorsicht! Mit Schwefel oder Antimonsulfid tritt schon beim Zusammenreiben in der Reibschale Entzündung und Detonation ein (?). Zu diesem Versuch verwende man nur sehr wenig Substanz und umwickle die Hand mit einem Tuch! Anwendung des Kaliumchlorats zur Bereitung von Zündhölzern?

8. Einige Körnchen Kaliumchlorat (Vorsicht, sehr wenig verwenden! Explosionsgefahr!) werden im Reagensglas mit wenig konz. Schwefelsäure übergossen. Es entsteht ein dunkelgelbes explosives Gas (?). Beim gelinden Erwärmen, bisweilen auch schon in der Kälte, tritt *Explosion* ein. Der Versuch ist hinter der Glasscheibe des Abzuges auszuführen!

9. *Freie Chlorsäure* ist im Gegensatz zu den Chloraten auch in wäßriger Lösung ein energisches Oxydationsmittel. Man versetze einmal eine neutrale, das andere Mal eine mit verdünnter

---

[1]) Indigokarmin ist *5,5′-indigodisulfosaures Natrium* von der Formel:

$$NaO_3S-\underset{\underset{\displaystyle NH}{}}{\overset{\overset{\displaystyle CO}{}}{\bigcirc}}C=\!\!=\!\!=C\underset{\underset{\displaystyle NH}{}}{\overset{\overset{\displaystyle CO}{}}{\bigcirc}}-SO_3Na$$

Schwefelsäure angesäuerte Kaliumchloratlösung mit Kaliumjodid und erwärme beide Lösungen zum Sieden (?).

10. Mit kalter konz. Salzsäure oder heißer verdünnter Salzsäure liefert Kaliumchlorat *elementares Chlor* (?), erkennbar am Geruch und an der Farbe.

11. Silbernitrat gibt keine Fällung. Erwärmt man die klare (nötigenfalls filtrierte) Lösung von Kaliumchlorat und Silbernitrat mit schwefliger Säure, so entsteht ein weißer Niederschlag, unlöslich in Salpetersäure[1] (?).

12. Die *Chlorsäure* ist nur in wäßriger Lösung, nicht im wasserfreien Zustand beständig. Beim Eindampfen ihrer Lösung findet Zersetzung statt (?). Chlorsäure ist, wie auch Überchlorsäure, eine sehr starke Säure. Ihr *Aktivitätskoeffizient* (Dissoziationsgrad) ist etwa gleich dem der Salzsäure.

Überchlorsäure (*auch Perchlorsäure genannt*). 13. Perchlorate entstehen, wie oben angegeben, beim Erhitzen von Chloraten. Sie werden durch konz. Schwefelsäure in der Kälte nicht zersetzt. Beim Erhitzen[2] entweicht freie Überchlorsäure, die — wenn auch selten — zu heftigen Explosionen Anlaß geben kann (?).

14. Mit Kaliumchlorid gibt Natriumperchlorat eine weiße Fällung (?), schwer löslich in verdünnten Mineralsäuren, leicht löslich in heißem Wasser.

15. *Überchlorsäure* und ihre Salze wirken weniger stark oxydierend, als Chlorsäure. Sie ist in verdünnter Lösung ohne Wirkung auf Jodwasserstoff und Salzsäure und wird auch durch schweflige Säure nicht reduziert. Dagegen wird sie durch Ferrohydroxyd in neutraler (nicht alkalischer) Lösung reduziert (?): Man versetze Ferrosulfatlösung mit einer zur vollständigen Fällung nicht genügenden Menge Natronlauge, füge zu der entstandenen Mischung eine Lösung von Natriumperchlorat hinzu und erhitze zum Sieden. Hierauf wird filtriert und das Filtrat mit Salpetersäure und Silbernitrat versetzt (?). Zum Vergleich prüfe man auch eine wäßrige Lösung von Natriumperchlorat direkt mit Silbernitrat (?).

---

[1] Bei Anwendung eines *Überschusses an schwefliger Säure* fällt gleichzeitig *Silbersulfit* Ag_2SO_3 aus, das sich von Silberchlorid durch seine Löslichkeit in Salpetersäure unterscheidet.

[2] *Vorsicht!* Versuch nicht ausführen, oder nur kleine Mengen verwenden!

8. Trennung von Chlorid, Hypochlorit, Chlorat und Perchlorat.

1. Man versetze eine Aufschwemmung von Chlorkalk in Wasser mit Natriumcarbonat und filtriere. Das Filtrat wird mit etwas Natriumchlorat und Natriumperchlorat versetzt.

2. Zur Prüfung auf *Hypochlorit* versetzt man eine Probe der Lösung (ohne anzusäuern) tropfenweise mit Indigokarminlösung (?). Hierauf säuert man die Hauptmenge schwach mit verdünnter Schwefelsäure an und schüttelt in einem Reagensglas so lange mit metallischem Quecksilber, bis eine filtrierte und mit Soda alkalisch gemachte Probe Indigokarminlösung nicht mehr entfärbt.

3. Die nach Absatz 2 erhaltene filtrierte (schwach sauer reagierende) Lösung wird zur Fällung des *Chlorions* mit Silbernitrat in geringem Überschuß versetzt und wieder filtriert.

4. Das nach Absatz 3 erhaltene *Filtrat* wird mit überschüssiger schwefliger Säure versetzt, bis zum Verschwinden des Geruches nach *Schwefeldioxyd* gekocht und erneut mit Silbernitrat versetzt. Die entstehende Fällung kann *Silbersulfit* und *Silberchlorid* (entstanden aus *Chlorat*) enthalten (?). Man filtriert ab und überzeugt sich durch Behandlung mit heißer verdünnter Salpetersäure (?) davon, daß der Rückstand *Silberchlorid* enthält[1]). Ein Teil des Filtrats ist durch erneutes Kochen mit schwefliger Säure in gleicher Weise auf *Vollständigkeit der Reduktion*. ein zweiter Teil durch Zugabe von Salzsäure auf *Anwesenheit eines Überschusses an Silbernitrat* zu prüfen (?).

5. Zum Nachweis von *Perchlorat* wird der Rest des nach Absatz 4 erhaltenen *Filtrats* mit Soda abgestumpft (Reaktion sehr schwach sauer) und mit Ferrohydroxyd einige Minuten gekocht. Hierauf wird mit Salpetersäure angesäuert und nochmals mit Silbernitrat versetzt. Es entsteht ein weißer Niederschlag (?).

9. Bromwasserstoff. HBr.

Brom: Br = 79,916; 7. Gruppe des periodischen Systems; Ordnungszahl 35; Wertigkeit −I, +I, +V.

Vorkommen: Als Bromid im Meerwasser, in vielen Mineralquellen, in Salzlagern [Staßfurter Abraumsalze (Bromcarnallit $MgBr_2 \cdot KBr \cdot 6\,H_2O$)].

---

[1]) Hierzu ist der Rückstand zweckmäßig nach Durchstoßen des Filters mit Wasser in ein Reagensglas überzuspülen.

Verwendung: Als Bromsilber AgBr in der Photographie.

Pharmazeutisch. Kaliumbromid, Kalium bromatum KBr; Natriumbromid, Natrium bromatum NaBr; beide als Beruhigungsmittel. Brom in organischer Bindung: Adalin, Bromural als Schlafmittel.

Zu untersuchen: Kaliumbromid (KBr).

1. Wird Kaliumbromid mit konz. Schwefelsäure übergossen, so entsteht unter Aufbrausen ein gelbrot gefärbtes Gas (?).

2. Oxydationsmittel machen aus Bromion-haltigen Lösungen *elementares Brom* frei. Man versetze eine salzsaure Kaliumbromidlösung mit Chloroform und füge in geringen Anteilen Chlorwasser hinzu. Es tritt Braunfärbung auf, die beim Schütteln in das Chloroform übergeht. Bei weiterer Zugabe von Chlorwasser bildet sich *Bromchlorid* BrCl, wodurch die Farbe in weingelb umschlägt. Man wiederhole den Versuch unter Verwendung von Chloramin[1]) und Wasserstoffperoxyd.

3. Silbernitrat fällt aus den Lösungen der Bromide gelblich-weißes *Silberbromid*; löslich in 25%igem Ammoniak, Kaliumcyanid und Natriumthiosulfat (?). Verdünntes (10%iges) Ammoniak löst Silberbromid nur unvollständig.

4. Man erhitze frisch gefälltes *Silberbromid* mit verdünnter Schwefelsäure unter Zugabe von etwas Zinkstaub einige Minuten zum Sieden und filtriere von dem ungelösten Rückstand (?) ab. Das Filtrat (?) versetze man sodann mit Chloroform und Chlorwasser (?). Den Rückstand wasche man gründlich mit Wasser aus (Waschwässer verwerfen!) und erwärme ihn sodann mit verdünnter Salpetersäure (?). Das Filtrat von dem unlöslich verbliebenen Rest prüfe man mit Salzsäure auf *Silberion.*

5. Kaliumpermanganat wird in schwefelsaurer Lösung durch Bromide reduziert (?). Die erhaltene Lösung zeigt die Farbe des *elementaren Broms.*

---

[1]) Chloramin ist p-Toluolsulfamidochlorid-Natrium von der Formel

$$CH_3{-}\langle\ \rangle{-}SO_2{-}N\begin{smallmatrix}Na\\Cl\end{smallmatrix}\ .$$

In salzsaurer Lösung finden folgende Umsetzungen statt:

$$CH_3 \cdot C_6H_4 \cdot SO_2 \cdot N \cdot ClNa + H_2O + HCl \rightarrow CH_3 \cdot C_6H_4 \cdot SO_2 \cdot NH_2 + NaCl + HClO,$$

$$HClO + HCl \rightleftharpoons H_2O + Cl_2.$$

Man verwende Chloramin in stark verdünnter wäßriger Lösung und füge es tropfenweise hinzu.

6. Nimmt man die Oxydation des Bromions durch **Kalium-permanganat** bei Anwesenheit von **Aceton** vor, so entsteht *Bromaceton* $CH_3 \cdot CO \cdot CH_2Br$, das in wäßriger Lösung nicht in Ionen zerfällt: Man versetze 1—2 ccm verdünnte Kaliumbromidlösung mit den gleichen Mengen konz. Salpetersäure und 5%iger Kaliumpermanganatlösung sowie 2—3 ccm Aceton. Die Mischung wird kurz zum Sieden erhitzt (**Abzug!** *Bromaceton* ist ein *augenreizendes Kampfgas*), bis das Kaliumpermanganat zu *Braunstein* reduziert ist (?). Nach dem Abkühlen wird der Braunstein durch **Wasserstoffperoxyd** zerstört. Die erhaltene Lösung enthält Brom nicht mehr als Ion. Sie gibt mit **Silbernitrat** keine Fällung (Unterschied von Chlorion).

10. Jodwasserstoff. HJ.

Jod: $J = 126{,}92$; 7. Gruppe des periodischen Systems; Ordnungszahl 53; Wertigkeit $-I$, $+I$, $+III$, $+V$, $+VII$.

Vorkommen: Sehr weit verbreitet, aber meist nur in geringsten Mengen. Als Jodat (Natriumjodat $NaJO_3$) im Chilesalpeter. Jod in organischer und anorganischer Bindung in Algen und Seetieren. In Mineralwässern; in Pflanzen, Boden, Luft (Menge je nach geographischer Lage und Klima stark wechselnd).

Biologische Bedeutung: Bestandteil des Hormons der Schilddrüse (*Thyroxin*), daher geringe Mengen für den menschlichen und tierischen Organismus unentbehrlich. Jodmangel erzeugt *Kropf* und *Kretinismus*. Künstliche Regelung der Jodaufnahme in jodarmen Gebieten durch „*Vollsalz*" (= Kochsalz + 0,0005% Kaliumjodid KJ).

Verwendung: Als Jodsilber AgJ in der Photographie.
Pharmazeutisch. Jodtinktur, Tinctura Jodi ($KJ + J_2$, gelöst in Alkohol); Kaliumjodid, Kalium jodatum KJ; Natriumjodid, Natrium jodatum NaJ. Jodhaltige Mineralwässer. Jod in organischer Bindung: Jodoform CHJ_3, Jodipin (Jod an Fette gebunden). Jodverbindungen finden Anwendung als Antiseptica (Jod, Jodoform), gegen Lues, Asthma, sklerotische Herz- und Gefäßerkrankungen (Jodide).

Zu untersuchen: Kaliumjodid (KJ).

1. **Konz. Schwefelsäure** macht aus festem Kaliumjodid kaum Jodwasserstoff, sondern fast nur *elementares Jod* frei (?). Beim Erwärmen verflüchtigt sich das Jod und setzt sich an den kälteren Teilen des Reagensglases in Form schwarzer, glänzender Krystalle ab.

2. Etwas Kaliumjodidlösung werde mit **verdünnter Schwefelsäure** und **Natriumnitrit** versetzt (?). Mit der erhaltenen *Jodlösung* prüfe man durch Ausschütteln die Löslichkeit des Jods in Äther, Chloroform und Schwefel-

kohlenstoff. Farbe der Lösungen? Schüttelt man die mit einem der genannten Lösungsmittel versetzte Lösung mit **Alkalilauge**, so tritt Entfärbung ein (?).

3. Einen weiteren Teil der nach Absatz 2 erhaltenen Jodlösung verdünne man so stark, daß die gelbe Farbe kaum noch zu erkennen ist und versetze dann mit **Stärkelösung** (?). Hierauf erwärme man zum Sieden und lasse wieder erkalten (?).

4. Eine nicht zu verdünnte, mit Salzsäure angesäuerte Kaliumjodidlösung färbt sich beim Stehen an der **Luft**, namentlich unter der Einwirkung des Lichtes, allmählich braun (?).

5. Oxydationsmittel verhalten sich gegenüber Jodionhaltigen Lösungen ähnlich wie gegenüber Bromiden. Man versetze eine salzsaure .Kaliumjodidlösung mit **Chloroform** und füge in geringen Anteilen unter wiederholtem Schütteln **Chlorwasser** oder verdünnte **Chloraminlösung** hinzu. Es tritt eine Violettfärbung des Chloroforms auf (?). Bei weiterem Zusatz und kräftigem Schütteln verschwindet die Farbe wieder (?).

Handelt es sich um den *Nachweis sehr kleiner Mengen Jod,* so säuert man die zu untersuchende Lösung mit verdünnter **Schwefelsäure** an, gibt einige Tropfen **Chloroform** zu und oxydiert mit **Wasserstoffperoxyd**; letzteres setzt *elementares Jod* in Freiheit (?), ohne es jedoch merklich zu Jodsäure zu oxydieren.

6. Was entsteht, wenn man elementares Jod mit **Natronlauge** kocht?

7. Durch **Jodsäure** wird Jodwasserstoff zu Jod oxydiert: Man löse etwas **Kaliumjodat** und **Kaliumjodid** in Wasser und versetze die Mischlösung mit verdünnter **Salzsäure** (?).

8. Mit **Kupfersulfat** gibt Kaliumjodid eine braune Fällung (?). Gibt man gleichzeitig **schweflige Säure** hinzu, so entsteht ein grauweißer Niederschlag (?).

9. Silbernitrat fällt aus Kaliumjodidlösung gelbliches *Silberjodid* (?), welches in Ammoniak praktisch unlöslich ist, sich aber sonst wie Silberchlorid verhält. Lösungsmittel?

10. Mit **Quecksilberchlorid** $HgCl_2$ entsteht scharlachrotes *Mercurijodid* (?); löslich in Kaliumjodid (?); Nesslers *Reagens.*

11. Gegenüber **Kaliumpermanganat** verhält sich Jodid wie Bromid (?). Mit **Kaliumpermanganat, Salpetersäure** und **Aceton** läßt sich in gleicher Weise, wie im vorigen Unterabschnitt (vgl. Absatz 6, S. 114) beschrieben, Jodid in *Jodaceton* $CH_3 \cdot CO \cdot CH_2J$ überführen (?).

11. Nachweis von Chlorid, Bromid und Jodid nebeneinander.

1. Man verwende eine verdünnte Lösung von Kaliumchlorid, -bromid und -jodid.

2. Zu einem Teil der Lösung gebe man etwas Salzsäure und Chloroform und füge unter wiederholtem kräftigem Schütteln in kleinen Anteilen Chlorwasser oder verdünnte Chloraminlösung hinzu. Das Chloroform färbt sich zuerst violett (?), wird dann farblos (?), später braun (?) und schließlich hellgelb (?). Durch die Reaktionsfolge ist der Nachweis von *Jodid* und *Bromid* erbracht.

3. Zum Nachweis des *Chlorids* führt man Jodid und Bromid mit Kaliumpermanganat und Salpetersäure unter Zugabe von Aceton in *Jod-* bzw. *Bromaceton* über. In der erhaltenen Jodion- und Bromion-freien Lösung prüft man dann mit Silbernitrat auf *Chlorid*.

Elektrochemische Spannungsreihe der Metalloide.

Ähnlich wie die Metalle besitzen auch die Metalloide eine verschiedene Elektroaffinität. Während jedoch die Elektroaffinität bei den Metallen um so größer ist, je leichter sie Elektronen abzugeben vermögen, sind bei den Metalloiden diejenigen am stärksten elektroaffin, die leicht Elektronen aufnehmen können. Ordnet man die Metalloide nach abnehmender Elektroaffinität, so erhält man die elektrochemische Spannungsreihe der Metalloide:

$$F \quad Cl \quad Br \quad J \quad O \quad S$$

Auch hier stehen auf der linken Seite diejenigen Elemente, die besonders leicht in den Ionenzustand übergehen, während die rechtsstehenden Elemente nur ein geringes Bestreben haben, Ionen zu bilden oder den Ionenzustand beizubehalten. Wie bei der Spannungsreihe der Metalle vermag auch hier jedes Element alle rechts von ihm stehenden Elemente aus dem Ionenzustand zu verdrängen. Deshalb wird durch elementares Chlor (Chlorwasser) aus Lösungen, welche gleichzeitig Bromid und Jodid enthalten, zuerst elementares Jod, dann elementares Brom in Freiheit gesetzt.

Da die Fähigkeit, Elektronen aufzunehmen, auch das Kennzeichen für das Oxydationsvermögen eines Stoffes ist, kann man aus der Spannungsreihe der Metalloide gleichzeitig auch Rückschlüsse auf das Oxydationsvermögen der Metalloide ziehen. Demgemäß ist Fluor ein stärkeres Oxydationsmittel als Chlor, Chlor wirkt stärker oxydierend als Brom, Brom stärker als Jod und Sauerstoff; am schwächsten oxydierend wirkt elementarer Schwefel.

12. Salpetrige Säure. HNO_2.

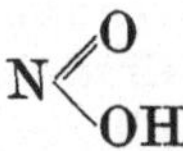

Verwendung: Natriumnitrit im Pökelsalz zur Rotfärbung des Fleisches. *Pharmazeutisch.* Natriumnitrit, Natrium nitrosum $NaNO_2$; Amylnitrit, Amylium nitrosum $(CH_3)_2CH \cdot CH_2 \cdot CH_2(NO_2)$; beide gegen Gefäßkrämpfe und Angina pectoris.

Toxikologie: Die Salze der salpetrigen Säure, insbesondere Natriumnitrit, sind giftig.

Zu untersuchen: Kaliumnitrat (KNO_3),
Natriumnitrit $(NaNO_2)$.

1. In einem Reagensglas *erhitze* man 2—3 g Kaliumnitrat bis zur lebhaften Gasentwicklung (?). Das heiße Reagensglas tauche man in etwas Wasser und gieße von den Glassplittern ab. Die Lösung gibt mit verdünnter Schwefelsäure, Kaliumjodid und Stärkelösung eine Blaufärbung (?).

2. Versetzt man festes Natriumnitrit mit verdünnter Schwefelsäure, so tritt eine blaue Färbung auf (?). Gleichzeitig entweicht ein braunes Gas (?).

3. Nitrite wirken in saurer Lösung meist *oxydierend* (Beispiele?); gegenüber Kaliumpermanganat und Wasserstoffperoxyd dagegen verhalten sie sich *reduzierend* (?).

4. Etwas verdünnte Natriumnitritlösung gibt mit einigen Tropfen einer Lösung von m-Phenylendiaminhydrochlorid in verdünnter Essigsäure[1]) sofort oder innerhalb kurzer Zeit eine gelbe bis gelbbraune Färbung (?).

5. Man versetze einmal eine Natriumnitritlösung, zum andern eine Kaliumnitratlösung mit verdünnter Schwefelsäure und unterschichte jeweils mit gesättigter Ferrosulfatlösung (?).

---

[1]) m-Phenylendiamin besitzt die Formel:

$$H_2N - \langle \text{C}_6\text{H}_4 \rangle - NH_2$$

Herstellung der Phenylendiaminlösung: 0,5 g m-Phenylendiaminhydrochlorid werden in 100 ccm Wasser gelöst und mit 2,5 ccm verdünnter Essigsäure versetzt.

6. Mit **Harnstoff** $CO(NH_2)_2$ liefern Nitrite in saurer Lösung ein farbloses Gas (?): Man versetze etwas verdünnte Natriumnitritlösung mit dem gleichen Volumen konz. **Harnstofflösung** und etwas **verdünnter Schwefelsäure** und überlasse die Mischung einige Minuten sich selbst. Nachdem die Gasentwicklung beendet ist, prüfe man einen Teil der Lösung durch Unterschichten mit **Ferrosulfat** auf *Nitrit*. Da bei der Reaktion auch *Spuren von Nitrat* gebildet werden können, prüfe man ferner einen zweiten Teil der Lösung mit **Ferrosulfat** und konz. **Schwefelsäure** auf *Nitrat*.

Die salpetrige Säure und ihre Salze geben dieselben Reaktionen wie Salpetersäure. Um daher *Salpetersäure neben salpetriger Säure* nachzuweisen, ist die vorherige Zerstörung der letzteren mit Harnstoff nötig.

13. Kieselsäure. H_2SiO_3.

$$Si \begin{cases} OH \\ =O \\ OH \end{cases}$$

Silicium: Si $= 28,06$; 4. Gruppe des periodischen Systems; Ordnungszahl 14; Wertigkeit $+IV$.

Vorkommen: Nach Sauerstoff das verbreitetste Element (zu **25,7%** am Aufbau der Erdrinde beteiligt). Als Oxyd SiO_2 (Quarz, Achat, Feuerstein, Kieselgur), als Silicat (Feldspäte, Glimmer, Biotit, Ton, Kaolin). In Form der genannten Mineralien tritt Kieselsäure gesteins- und gebirgsbildend auf. In geringen Mengen in manchen Pflanzen (Equisetum). Als Kieselsäure H_2SiO_3 in Quellwässern und deren Ablagerungen (Kieselsinter, Tuff u. dgl.).

Verwendung: Quarz. Zur Herstellung von Quarzgeräten, Glasfabrikation. — Kieselgur. Zum Aufsaugen von Nitroglycerin (Dynamit); als Wärme- und Schallisolator. — Silicate. In der Tonindustrie (Ton, Schamotte, Ziegel, Porzellan). Bleicherden (Fullererde) zur Ölreinigung und -entfärbung. — Wasserglas (Gemisch verschiedener Natriumsilicate) als Konservierungsmittel (Einlegen von Eiern), zur Imprägnierung von Holz gegen Feuergefahr (Luftschutz). *Pharmazeutisch.* Silicium in organischer Bindung gegen Tuberkulose.

Zu untersuchen: Natriumsilicat, Wasserglas $(Na_2Si_3O_7 + Na_2Si_4O_9)$, *Kieselsäurehydrat (gefällt, trocken)* $(H_2SiO_3 \cdot nH_2O)$.

1. Auf Zusatz von **Säuren** (Salzsäure) scheidet konz. Wasserglaslösung *Kieselsäurehydrat* ab (?). Verdünnte Lösungen bilden erst nach längerem Stehen eine durchsichtige *Gallerte,* während sehr verdünnte Lösungen klar bleiben, trotzdem aber keine echten, sondern *kolloide Lösungen* darstellen. — Die Abscheidung der Kieselsäure ist fast vollständig, wenn man die Wasserglaslösung mit **Salzsäure** bis zur stark sauren Reaktion versetzt und dann *bis zur Trockne eindampft*. Behandelt man den Rückstand mit Wasser oder Salzsäure, so geht praktisch nur *Natriumchlorid* in Lösung, während die *Kieselsäure* als weißer Rückstand hinterbleibt.

2. Ammoniumchlorid gibt mit Natriumsilicatlösung eine weiße gallertartige Abscheidung (?). Aus verdünnten Lösungen tritt die Fällung erst nach einiger Zeit ein.

3. In **Alkalilaugen** und **Alkalicarbonaten**, nicht in Ammoniak, ist Kieselsäure löslich; langsamer werden die verschiedenen Arten natürlicher Kieselsäure angegriffen.

4. Von den *Silicaten* sind nur die der Alkalimetalle in Wasser löslich; sie erleiden weitgehend *Hydrolyse* (?); Reaktion der Lösung? Auch *Glas* (?) löst sich zu geringen Anteilen in Wasser: Man pulverisiere in der Reibschale ein Reagensglas aus gewöhnlichem Glas (sog. *Thüringer Glas*, nicht Jenaer Glas), koche das Pulver mit Wasser und prüfe die Reaktion der Lösung mit Lackmuspapier (?).

Löslichkeitsverhältnisse der Silicate. Die in Wasser unlöslichen Silicate werden zum Teil durch Eindampfen mit Mineralsäuren unter Abscheidung von Kieselsäure zersetzt, zum Teil sind sie beständig. Im feinst gepulverten Zustand werden durch Säuren zersetzt die *basischen Silicate* (?), viele *Ortho-* und *Metasilicate* (?) und die wasserhaltigen *Zeolithe* (?). Die durch Säuren nicht angreifbaren Silicate verwandelt man durch Schmelzen (*Aufschließen*) mit Alkalicarbonat in Alkalisilicate (?), die dann durch Salzsäure unter Abscheidung von *Kieselsäure* zersetzt werden (?).

5. Etwas trockenes Kieselsäurehydrat wird in einem *Bleitiegel* mit der halben Menge **Calciumfluorid** und 1 ccm konz. **Schwefelsäure** angerührt (hierzu *Magnesiastäbchen* verwenden!). Man erwärme langsam bei aufgelegtem Bleideckel, wobei ein Gas entweicht (?). Hält man mit Hilfe eines Platindrahtes einen **Wassertropfen** in die Öffnung des Deckels, so bildet sich eine weiße, *gallertige Trübung*[1] (?).

Fluorwasserstoffsäure zersetzt alle Silicate unter Bildung von *Siliciumtetrafluorid* und *Kieselfluorwasserstoffsäure* (?). Beim Eindampfen verbleibt ein *silicatfreier Rückstand*. Alle Versuche mit Fluorwasserstoffsäure müssen unter dem Abzug in Platin- oder Bleigefäßen ausgeführt werden (?).

---

[1]) Die **Flamme** ist mit der linken Hand fächelnd zu bewegen, während die rechte Hand zum Ruhighalten des Platindrahtes auf eine Unterlage aufgestützt wird. Flammenhöhe etwa 6 cm (**Vorsicht**, Blei schmilzt bei 327° C). Der Platindraht wird zu einem **Haken** (nicht Öse) umgebogen und vor dem Aufbringen des Wassertropfens geglüht.

14. Fluorwasserstoff. HF,
Kieselfluorwasserstoffsäure. $H_2[SiF_6]$.

$$HF \qquad \begin{bmatrix} & F & \\ F & & F \\ & Si & \\ F & & F \\ & F & \end{bmatrix} \begin{matrix} \\ H \\ \\ H \\ \\ \end{matrix}$$

Fluorwasserstoff   Kieselfluorwasserstoffsäure

Fluor: F = 19,00; 7. Gruppe des periodischen Systems; Ordnungszahl 9; Wertigkeit —I.

Vorkommen: Als Fluorid [Flußspat, Fluorit CaF_2, Kryolith $Na_3[AlF_6]$, Apatit 3 $Ca_3(PO_4)_2 \cdot Ca(Cl, F)_2$]. In kleinen Mengen in Knochen und Zähnen.

Verwendung: Fluorwasserstoff. Zum Glasätzen. — Alkalifluoride und -silicofluoride zur Konservierung von Holz, Tapeten u. a.; zur Schädlingsbekämpfung.

Toxikologie: Alle Fluorverbindungen, besonders die in Wasser und Salzsäure löslichen, sind sehr giftig. Kleine Mengen bedingen chronische Erkrankungen (Knochenwucherungen, Zahnkrankheiten).

Zu untersuchen: Calciumfluorid (CaF_2),
Natriumfluorid (NaF),
Natriumsilicofluorid ($Na_2[SiF_6]$).

Fluorwasserstoff. 1. Man erwärme im Reagensglas etwas Calciumfluorid mit konz. Schwefelsäure. Es entweicht ein Gas (?) in charakteristischen großen Gasblasen, die langsam *öltropfenartig* an der Glaswandung in die Höhe kriechen. Erwärmt man die Mischung etwa 15 Minuten im Wasserbad (Abzug!), so wird die Wandung des Reagensglases angeätzt (?), was nach dem Auswaschen und Trocknen des Glases zu sehen ist.

2. Mit Silbernitrat gibt Natriumfluorid keine Fällung. *Silberfluorid* ist in Wasser löslich. Man vergleiche die Löslichkeit der Silberhalogenide.

3. Mit den Salzen der Erdalkalimetalle entstehen weiße Niederschläge (?); mit Bariumchlorid auszuführen. Von Salz- oder Salpetersäure wird der Niederschlag von *Bariumfluorid* gelöst.

4. Ferrirhodanid (aus stark verdünnter Ferrichloridlösung und Ammoniumrhodanid zu bereiten) wird infolge *Komplexbildung* (?) durch Natriumfluorid entfärbt. Bei Zugabe von viel Salzsäure tritt die rote Färbung des Ferrirhodanids wieder auf (?). Analogie des Komplexes mit der Formel des Kryoliths?

Kieselfluorwasserstoffsäure. 5. Beim *trockenen Erhitzen* im Reagensglas zerfallen Silicofluoride unter Entwicklung eines Gases, das einen an einem Platindraht hängenden Wassertropfen trübt (?); auszuführen mit Natriumsilicofluorid. Woraus besteht der Rückstand?

6. Etwas Natriumsilicofluorid werde im *Bleitiegel* mit konz. Schwefelsäure erwärmt (?). Das entweichende Gas trübt ebenfalls einen Wassertropfen (?).

7. Alkali- und Erdalkalisilicofluoride sind in Wasser, besonders in der Kälte schwer löslich. Die kalt gesättigte wäßrige Lösung des Natriumsilicofluorids gibt mit Bariumchlorid einen allmählich ausfallenden krystallinen Niederschlag (?).

8. Calciumchlorid erzeugt einen fein verteilten, nicht filtrierbaren Niederschlag (?).

9. Kaliumchlorid gibt eine gallertige, kaum sichtbare Fällung (?), die im Gegensatz zu Calciumsilicofluorid leicht filtrierbar ist. Man überzeuge sich von der gallertigen Beschaffenheit der Fällung, indem man den Filterrückstand nach dem völligen Abtropfen der Flüssigkeit an einen zu einer Spitze ausgezogenen Glasstab bringt.

15. Cyanwasserstoff. HCN, Rhodanwasserstoff. HSCN.

$$H—C≡N \qquad\qquad H—S—C≡N$$

Cyanwasserstoff   *Rhodanwasserstoff*

Vorkommen: Cyanwasserstoff. Frei spurenweise in manchen Pflanzen. Gebunden als Glykosid (Amygdalin in bitteren Mandeln). — Rhodanwasserstoff. Im Speichel.

Toxikologie: Cyanwasserstoff (Blausäure) ist im freien Zustand und in seinen Verbindungen ein **äußerst starkes Gift.** Alle Versuche, bei denen Cyanwasserstoff entsteht, sind unter dem Abzug auszuführen! *Restliche Substanzen sind in den Ausguß unter dem Abzug zu gießen!* Mit Wasser nachspülen!

Zu untersuchen: Kaliumcyanid (KCN),
                  Ammoniumrhodanid (NH_4SCN),
                  Kaliumferrocyanid ($K_4[Fe(CN)_6] \cdot 3\,H_2O$).

Cyanwasserstoff. *Cyanwasserstoff,* auch *Blausäure* genannt, ist eine wasserklare, nach bitteren Mandeln riechende Flüssigkeit vom Siedepunkt 26,5° C. Ihre Salze, die Cyanide, verhalten sich vielfach ähnlich den Salzen der Halogenwasserstoffsäuren. Sie erleiden aber weitgehend *Hydrolyse,* da die Cyanwasserstoffsäure eine sehr schwache Säure ist.

1. Eine verdünnte wäßrige Lösung von Kaliumcyanid gibt mit Silbernitrat eine weiße Fällung (?); Löslichkeit in verdünnter Salpetersäure, Ammoniak, Kaliumcyanid?

2. Zu einer verdünnten Kaliumcyanidlösung gebe man etwas Natronlauge und einen Tropfen Ferrosulfatlösung, erhitze zum Sieden, versetze mit Ferrichlorid und säuere mit verdünnter Salzsäure an (Vorsicht, Abzug!). Es entsteht ein blauer Niederschlag (?).

3. Etwas Kaliumferrocyanidlösung werde in einem Becherglas von 100 ccm Fassungsvermögen mit verdünnter Schwefelsäure gelinde erwärmt (Sparflamme des Bunsenbrenners). Man bedecke hierbei mit einem Uhrglas, an dessen Innenseite ein Stück mit gelbem Ammoniumsulfid getränktes Filtrierpapier angeheftet ist. Nach $^1/_4$ Stunde betupfe man das Filtrierpapier mit stark verdünnter, salzsaurer Ferrichloridlösung (?).

Rhodanwasserstoff. Bei gewöhnlicher Temperatur nur in wäßriger Lösung beständig. Die wäßrige Lösung ist eine farblose, stechend riechende Flüssigkeit.

4. Eine verdünnte Lösung von Ammoniumrhodanid werde mit Silbernitrat versetzt (?). Löslichkeit des Niederschlags in Salpetersäure und Ammoniak?

5. Auf Zusatz von Ferrichlorid zu einer salzsauren Ammoniumrhodanidlösung entsteht eine rote Färbung (?). Worin besteht der Unterschied von dem gleichfalls roten *Ferriacetat?*

16. Trennung des Nitrats von Jodid, Bromid, Rhodanid und komplexen Eisencyaniden.

1. Die genannten Ionen stören den Nachweis von Nitrat (Ursache der Störungen?). Es ist daher notwendig, sie aus der Lösung zu entfernen, um Nitrat nachzuweisen. Man verwende eine verdünnte Lösung von Kaliumnitrat, Kaliumjodid, Kaliumbromid Ammoniumrhodanid und Kaliumferrocyanid.

2. Die Lösung wird im Reagensglas mit festem Silbersulfat versetzt. Man schüttle sehr kräftig durch und filtriere von dem Niederschlag (?) ab.

3. In einer Probe des nach Absatz 2 erhaltenen *Filtrats* prüfe man durch Zugabe von verdünnter Salpetersäure und Silbernitrat auf Abwesenheit der störenden Ionen. Falls noch ein Niederschlag entsteht, muß die Behandlung in gleicher Weise wiederholt werden.

4. Der Rest des nach Absatz 2 erhaltenen Filtrats enthält überschüssiges *Silberion*, welches ebenfalls entfernt werden muß (Störung des Nitratnachweises durch Silberion?). Man fügt zu diesem Zweck Kaliumchlorid hinzu, erhitzt zum Sieden und filtriert von dem ausgefallenen Niederschlag ab.

5. Eine Probe des nach Absatz 4 erhaltenen *Filtrats* verwende man zur Prüfung auf *Nitrat* (Schichtprobe mit Ferrosulfat und konz. Schwefelsäure).

Verzeichnis der für das qualitative Praktikum benötigten Arbeitsgeräte.

2 *Asbestdrahtnetze*, 16 × 16 cm,
2 *Tondreiecke* von 5 cm Schenkellänge,
1 *Lötrohr* und *Lötrohrkohle*,
1 HEMPEL*scher Tiegelofen* oder 1 WINKLER*sche Tonesse*,
20 *Magnesiastäbchen*, in einem verschlossenen Reagensglas aufzubewahren,
2 *Holzspäne*, etwa 20 cm lang,
1 *Platindraht*, 5—10 cm lang, 0,3—0,4 mm dick, in einem Glasstab eingeschmolzen,
1 *Paar Wärmeschutzstücke aus Gummi*. Selbst herzustellen, indem 3 cm lange Gummischlauchstücke der Länge nach aufgeschnitten werden,
1 *Schmelztiegelzange*,
1 *Pinzette*, Länge 12—14 cm,
1 *Schere*,
1 *Hornlöffel* und 1 *Hornspatel*,
1 *Glasschneidemesser*,
1 *Handwaage* (Tragkraft 10—20 g) mit Gewichtssatz,
1 m *Gummischlauch* von 8 mm innerem Durchmesser,
0,5 m *Gummischlauch* von 5 mm innerem Durchmesser,
1 *Reagensglasgestell* für 12 Reagensgläser mit Abtropfstäben,
1 *Reagensglashalter* aus Holz,
1 *Porzellan-Reibschale* mit *Pistill*, von 10 cm Durchmesser,
3 *Porzellan-Schmelztiegel*, mittelhohe Form mit Deckel, von 35 mm Durchmesser,
2 *Porzellan-Abdampfschalen* mit Ausguß, halbtiefe Form, von 7 und 10 cm Durchmesser,
1 *Bleitiegel* von 16 mm Durchmesser, mit durchlochtem Deckel,
2 *Kobaltgläser*, etwa 3 × 3 cm,
50 *Reagensgläser*, 16 × 160 mm (zweckmäßig aus *Jenaer Fiolaxglas*),
10 *Reagensgläser*, 18 × 180 mm (zweckmäßig aus *Jenaer Fiolaxglas*),
1 *Reagensglas*, Größe beliebig, aus *Thüringer Glas*, zur Prüfung der Löslichkeit des Glases in Wasser nach S. 119,
1 *Spritzflasche* von 500—1000 ccm Fassungsvermögen,
1 *Spritzflasche* (Erlenmeyerform) von 100 ccm Fassungsvermögen mit Wärmeschutz aus Asbestpapier oder Kork und fein ausgezogener Spitze, ohne Schlauchverbindung am Spritzrohr,
je 3 *Glastrichter* von 4, 5 und 6 cm Durchmesser,
je 2 *Uhrgläser* von 6 und 8 cm Durchmesser,
je 2 *Bechergläser* mit Ausguß, hohe Form, von 50, 100, 150 und 250 ccm Fassungsvermögen,
1 *Becherglas* mit Ausguß, hohe Form, von 500 ccm Fassungsvermögen,
3 *Erlenmeyerkolben* von 100, 200 und 300 ccm Fassungsvermögen,
3 *Korkstopfen*, auf Erlenmeyerkolben passend,

1 *Gummistopfen*, auf 200 ccm-Erlenmeyerkolben passend,

1 *Gasüberleitungsrohr*, zweimal rechtwinklig gebogen; Länge des Mittelstücks 9,5 cm, Länge der Schenkel 4,5 und 18,5 cm,

3 *durchbohrte Korkstopfen*, auf Reagensglas von 180 mm Länge und zugleich auf Erlenmeyerkolben von 100 ccm Fassungsvermögen passend; Bohrung für das Gasüberleitungsrohr passend,

1 *Glasrohr aus schwer schmelzbarem Glas* mit durchbohrtem Kork- oder Gummistopfen, auf Reagensglas von 180 mm Länge passend; Länge etwa 30 cm, lichte Weite etwa 1,5 mm,

2 *Glasrohre mit ausgezogener Spitze*; Länge 22 cm, äußerer Durchmesser 6—7 mm,

5 *Objektträger*, 26 × 76 mm (für Mikroskop),

3 *Glasstäbe* mit rundgeschmolzenen Enden; Länge 14, 16 und 20 cm, Durchmesser etwa 3,5—4 mm,

1 *Glasstab*; Länge 20 cm, Durchmesser 4 mm, an einem Ende zu einer Spitze ausgezogen,

1 *Meßzylinder* von 100 ccm Fassungsvermögen,

Glasflaschen für feste Stoffe mit Glas- oder Korkstopfen, von 25 und 50 ccm Fassungsvermögen, weithalsig,

Glasflaschen für Flüssigkeiten mit Glasstopfen, von 50, 100 und 250 ccm Fassungsvermögen, enghalsig,

1 *Glasflasche mit Glasstopfen*, braun, enghalsig, von 250 ccm Fassungsvermögen (für Ammoniummolybdatlösung),

1 *Glasflasche mit Glasstopfen*, braun, enghalsig, aus Jenaer Glas von 100 ccm Fassungsvermögen (für Magnesium-Uranylacetatlösung),

1 *Wägeglas mit eingeschliffenem Glasstopfen*, flache Form, von etwa 50 ccm Fassungsvermögen; Höhe etwa 30 mm, Durchmesser etwa 50 mm; zur Aufnahme der Analysensubstanz,

10 Bogen *Filtrierpapier*,

je 100 *Rundfilter* für qualitative Analysen (z. B. Schleicher & Schüll Nr. 595) zu 7, 9 und 11 cm Durchmesser,

10 *Tabletten* aus reinem Filtrierstoff, Schleicher & Schüll Nr. 292,

Lackmuspapier, rot, in Streifen geschnitten, in einer Weithalsflasche mit Glasstopfen aufzubewahren,

Lackmuspapier, blau, in Streifen geschnitten, in einer Weithalsflasche mit Glasstopfen aufzubewahren,

Kartenblätter, Etiketten,

1 *Fettstift* (zum Beschreiben von Glas),

1 *Vorhängeschloß*,

1 *Gasanzünder*,

1 *Protokollheft*,

1 *Reagensglasbürste*,

1 *Trichterbürste*,

1 *Wischtuch*, zum Sauberhalten des Arbeitsplatzes,

1 *Handtuch, Seife*.

Außer den genannten Geräten werden üblicherweise durch das Institut bereitgestellt: *Bunsenbrenner, Dreifuß, Filtriergestell, Kippapparate* zur Erzeugung von Kohlendioxyd und Schwefelwasserstoff und *sonstige Laboratoriumseinrichtungen*.

Verzeichnis der für das qualitative Praktikum benötigten Chemikalien.

Das vorliegende Verzeichnis enthält — abschnittweise geordnet — alle für das qualitative Praktikum benötigten Chemikalien. Von ihnen wird ein Teil, durch *Kursivdruck* gekennzeichnet, nur für einzelne Reaktionen benötigt; sie brauchen daher nicht vorrätig gehalten zu werden, sondern sind von Fall zu Fall in den jeweils benötigten Mengen zu beschaffen. Verbliebene Restmengen solcher Substanzen werden beseitigt.

Die Mehrzahl der angeführten Chemikalien, durch gewöhnlichen Druck bezeichnet, wird dagegen bei verschiedenen Unterabschnitten und bei den Analysen wiederholt gebraucht. Diese Substanzen sind, sofern sie nicht an sich in den Arbeitssälen zur freien Benützung aufgestellt sind, vom Praktikanten in angemessenen Mengen zu beschaffen und in sauberen, beschrifteten Standgefäßen vorrätig zu halten. Von festen Stoffen genügen hierfür in der Regel 25 oder 50 g, von Flüssigkeiten 50 oder 100 ccm, in Ausnahmefällen 250 ccm.

Die Aufführung der Chemikalien erfolgte bei solchen Stoffen, die vorrätig zu halten sind, nur in den Unterabschnitten, in denen sie erstmalig gebraucht werden, während die übrigen (durch Kursivdruck gekennzeichneten) Stoffe in jedem Unterabschnitt aufgeführt sind, in dem sie benötigt werden. Es empfiehlt sich, bei jedem Unterabschnitt vor Inangriffnahme der praktischen Versuche an Hand der vorliegenden Liste sämtliche benötigten Substanzen zu beschaffen.

Bei den Lösungen finden sich Konzentrationsangaben. Soweit diese den Angaben des Deutschen Arzneibuches, 6. Ausgabe, entsprechen, findet sich am Rande der Vermerk [nach DAB. 6.]. In den anderen Fällen sind diejenigen Konzentrationen angegeben, die sich beim Gebrauch im Praktikum am Universitätsinstitut für Pharmazeutische und Lebensmittelchemie, München, bewährt haben. Bei Lösungen, deren Herstellung nach bestimmten Anweisungen zu erfolgen hat oder die zum Gebrauch frisch herzustellen sind, ist auf die Herstellungsvorschrift im Text verwiesen.

Unterabschnitt	Abschnitt I.	
1	Alkohol, absolut, unvergällt	C_2H_5OH
	Ammoniak, verdünnt	$10\%\ NH_3$ [nach DAB. 6.]
	Ammoniumcarbonatlösung, gesättigt	15—$20\%\ NH_4HCO_3 + NH_2COONH_4$
	Essigsäure, verdünnt	$20\%\ CH_3COOH$
	Kaliumchlorid	KCl
	Kaliumcarbonat (zur Analyse)	K_2CO_3 [vgl. auch Unterabschn. 2]
	Kobaltonitratlösung	$10\%\ Co(NO_3)_2 \cdot 6H_2O = 6{,}3\%\ Co(NO_3)_2$
	Natriumcarbonat, wasserfrei	Na_2CO_3
	Natriumcarbonatlösung	$20\%\ Na_2CO_3 \cdot 10H_2O = 7{,}4\%\ Na_2CO_3$
	Natriumkobaltinitrit	$Na_3[Co(NO_2)_6]$ [vgl. S. 15]
	Natriumnitrit	$NaNO_2$
	Natriumperchlorat	$NaClO_4$
	Salpetersäure, konzentriert	65—$68\%\ HNO_3$

1 Salpetersäure, verdünnt   20% HNO_3
   Salzsäure, verdünnt   12,5% HCl   [nach DAB. 6.]
   Schwefelsäure, konzentriert   96% H_2SO_4 [nach DAB. 6.]
   Silbernitratlösung   5% $AgNO_3$ [nach DAB. 6.]
   Weinsäure $C_4H_4O_6H_2$ [vgl. auch Unterabschn. 6]
   Zink (Stangen)   Zn

2 Ammoniumchloridlösung   10% NH_4Cl [nach DAB. 6.]
   Arsentrioxyd As_2O_3
   Eisenchloridlösung   10% $FeCl_3 \cdot 6\,H_2O = 6\%\ FeCl_3$
   Kaliumbisulfat $KHSO_4$
   Kaliumcarbonat (zur Analyse) K_2CO_3
   Kaliumnatriumcarbonat $K_2CO_3 + Na_2CO_3$
   Kaliumpyroantimonat, saures $K_2H_2Sb_2O_7 \cdot 4\,H_2O$
   Magnesium-Uranylacetatlösung   10% $UO_2(CH_3COO)_2 \cdot 2\,H_2O$
                                         30% $Mg(CH_3COO)_2 \cdot 4\,H_2O$
                                         12% Eisessig   [vgl. S. 20]
   Natriumacetat $CH_3COONa \cdot 3\,H_2O$
   Schwefelsäure, verdünnt   16% H_2SO_4 [nach DAB. 6.]

3 Bariumchloridlösung   5% $BaCl_2 \cdot 2\,H_2O = 4{,}3\%\ BaCl_2$
   Bleiacetatlösung   10% $Pb(CH_3COO)_2 \cdot 3\,H_2O$
                                             $= 8{,}6\%\ Pb(CH_3COO)_2$
   Calciumchloridlösung   10% $CaCl_2 \cdot 6\,H_2O = 5{,}0\%\ CaCl_2$
                                                                     [nach DAB. 6.]
   Kaliumsulfat K_2SO_4
   Kupfer (Späne, Blech od. Draht)   Cu   [vgl. auch Unterabschn. 5]
   Nitroprussidnatrium $[Fe(CN)_5NO]Na_2 \cdot 2\,H_2O$
   Salzsäure, konzentriert   37% HCl   [nach DAB. 6.]
   Seesand, geglüht SiO_2
   Silber (Silbermünze)   Ag

4 Barytwasser   5% $Ba(OH)_2 \cdot 8\,H_2O = 2{,}7\%\ Ba(OH)_2$
                                                                     [nach DAB. 6.]
   Kalkwasser, gesättigt   etwa 0,15% $Ca(OH)_2$ [nach DAB. 6;
                                                      vgl. auch Unterabschn. 12]
   Natriumcarbonat, krystallisiert $Na_2CO_3 \cdot 10\,H_2O$

5 *Eisen (Eisenfeile)*   Fe
   Eisensulfat, Ferrosulfat $FeSO_4 \cdot 7\,H_2O$
   Kalilauge   15% KOH   [nach DAB. 6.]
   Kaliumnitrat KNO_3
   Kupfer (Späne, Blech od. Draht)   Cu
   Schwefelsäure, konzentriert, roh   94% H_2SO_4 [nach DAB. 6.]
   Zink (Zinkstaub)   Zn

6 Ammoniak, konzentriert   25% NH_3
   Ammoniumchlorid NH_4Cl
   Calciumhydroxyd $Ca(OH)_2$
   Natriumammoniumphosphat, $NaNH_4HPO_4 \cdot 4\,H_2O$
      saures
   Natronlauge   15% NaOH   [nach DAB. 6.]
   NESSLERS Reagens   etwa 6% $K_2[HgJ_4]$
                                         15% KOH   [nach DAB. 6.; vgl. S. 38]
   Weinsäure $C_4H_4O_6H_2$

7 *Lithiumchlorid*   LiCl   [vgl. auch Unterabschn. 8]
   Natriumphosphatlösung, sekun-   10% $Na_2HPO_4 \cdot 12\,H_2O = 6{,}8\%\ Na_2HPO_4$
      där (Dinatriumphosphat)   [nach DAB. 6.]

8	Ammoniumsulfatlösung	10% $(NH_4)_2SO_4$
	Lithiumchlorid	LiCl
	Natriumchlorid	NaCl
9	Äther	$C_2H_5 \cdot O \cdot C_2H_5$
	Jod-Jodkaliumlösung	0,5% J_2
		1,0% KJ
	Kaliumchromatlösung	5% K_2CrO_4 [nach DAB. 6.]
	Kaliumjodidlösung	5% KJ
	Kaliumpermanganatlösung, verdünnt	0,3% $KMnO_4$
	Mangandioxyd	MnO_2
	Natriumperoxyd	Na_2O_2
	Stärkelösung	1% $(C_6H_{10}O_5)_n$ [nach DAB. 6.; vgl. S. 41]
	Titanylsulfatlösung	1,3% $TiOSO_4$
		6,6% $K_2S_2O_7$
		16% H_2SO_4 [vgl. S. 41]
	Vanadinschwefelsäure	0,2% V_2O_5
		7,5% H_2SO_4 [nach DAB. 6.; vgl. S. 41]
	Wasserstoffperoxydlösung, verdünnt (hergestellt aus Perhydrol, zur Analyse)	3% H_2O_2 [nach DAB. 6.]
10	Ammoniumoxalatlösung	4% $(NH_4)_2(COO)_2 \cdot H_2O$ = 3,5% $(NH_4)_2(COO)_2$ [nach DAB. 6.]
	Kaliumdichromat	$K_2Cr_2O_7$
11	*Strontiumchlorid*	$SrCl_2 \cdot 6 H_2O$ [vgl. auch Unterabschn. 12, 14]
12	*Kalkwasser, gesättigt*	etwa 0,15% $Ca(OH)_2$ [nach DAB. 6.]
	Oxalsäure	$(COOH)_2 \cdot 2 H_2O$
	Strontiumchlorid	$SrCl_2 \cdot 6 H_2O$
13	Chloroform	$CHCl_3$
	Magnesiumchloridlösung	10% $MgCl_2 \cdot 6 H_2O$ = 4,7% $MgCl_2$
	Titangelblösung	0,1% Titangelb
14	*Strontiumchlorid*	$SrCl_2 \cdot 6 H_2O$

Abschnitt II.

1	Ammoniummolybdatlösung	3,3% $(NH_4)_6Mo_7O_{24} \cdot 4 H_2O$
		8,8% NH_4NO_3
		13% HNO_3 [vgl. S. 52]
	Natriumphosphat, sekundär (Dinatriumphosphat)	$Na_2HPO_4 \cdot 12 H_2O$
	Trockeneiweiß, Albumen ovi siccum	
	Zinn (granuliert oder geraspelt)	Sn
2	*Oxalsäure*	$(COOH)_2 \cdot 2 H_2O$
3	Kaliumnatriumtartrat	$C_4H_4O_6KNa \cdot 4 H_2O$
	Kupfersulfatlösung	5% $CuSO_4 \cdot 5 H_2O$ = 3,2% $CuSO_4$
	Weinsäure	$C_4H_4O_6H_2$
4	Ammoniumsulfidlösung, farblos oder hellgelb	5% $(NH_4)_2S$ [vgl. S. 58]
	Kaliumferrocyanidlösung	5% $K_4[Fe(CN)_6] \cdot 3 H_2O$ = 4,4% $K_4[Fe(CN)_6]$ [nach DAB. 6.]
	Schwefelwasserstoffwasser	0,4% H_2S [frisch herzustellen; vgl. S. 58]
	Zink (Zinkstaub)	Zn
	Zinksulfat	$ZnSO_4 \cdot 7 H_2O$

Unter-
abschnitt

5	Alizarinlösung	0,1% alizarinsulfosaures Natrium
	Aluminium (gepulvert)	Al
	Aluminiumsulfat	$Al_2(SO_4)_3 \cdot 18\,H_2O$

[vgl. auch Unterabschn. 10]

	Kaliumpyrosulfat	$K_2S_2O_7$
	Kaliumsulfat	K_2SO_4
	Morin, methylalkohol. Lösung	0,1% Morin
7	Bleidioxyd, manganfrei	PbO_2
	Manganosulfat	$MnSO_4 \cdot 4\,H_2O$

[vgl. auch Unterabschn. 8, 10]

	schweflige Säure, gesättigt	etwa 10% SO_2
8	Ammoniumrhodanidlösung	5% NH_4SCN
	Chlorwasser, gesättigt	etwa 0,7% Cl_2
	Kaliumcyanid	KCN
	Kaliumferricyanid	$K_3[Fe(CN)_6]$
	Manganosulfat	$MnSO_4 \cdot 4\,H_2O$
	Zinnchlorürlösung (Stanno- chlorid)	10% $SnCl_2 \cdot 2\,H_2O = 8,5\%\ SnCl_2$, gelöst in 12,5%iger HCl
9	Ammoniumrhodanid	NH_4SCN
	Ammoniumsulfidlösung, gelb	6% $(NH_4)_2S_n$ [vgl. S. 74]
	Amylalkohol	$C_5H_{11}OH$
	Dimethylglyoxim (Diacetyl- dioxim), alkohol. Lösung	1% $(CH_3 \cdot C = NOH)_2$
	Kaliumchlorat	$KClO_3$
	Nickelonitrat	$Ni(NO_3)_2 \cdot 6\,H_2O$
10	*Aluminiumsulfat*	$Al_2(SO_4)_3 \cdot 18\,H_2O$
	Manganosulfat	$MnSO_4 \cdot 4\,H_2O$
	Natriumhydroxyd, Plätzchen- form, zur Analyse	NaOH

Abschnitt III.

1	*Kaliumbromid*	KBr
	Kupfer (Kupfermünze)	Cu
	Natriumthiosulfat	$Na_2S_2O_3 \cdot 5\,H_2O$
2	*Mennige*	Pb_3O_4
3	*Quecksilberchlorid (Mercuri- chlorid)*	$HgCl_2$
	Quecksilberchloridlösung (Mercurichlorid)	5% $HgCl_2$ [nach DAB. 6.]
	Quecksilbernitrat (Mercuro- nitrat)	$Hg_2(NO_3)_2 \cdot 2\,H_2O$
4	*Kupfersulfat*	$CuSO_4 \cdot 5\,H_2O$
5	*Cadmiumsulfat*	$3\,CdSO_4 \cdot 8\,H_2O$
6	*Wismutnitrat*	$Bi(NO_3)_3 \cdot 5\,H_2O$
7	*Cadmiumnitrat*	$Cd(NO_3)_2 \cdot 4\,H_2O$
	Kupfernitrat	$Cu(NO_3)_2 \cdot 3\,H_2O$
8	Wasserstoffperoxyd, konzentr. (Perhydrol), zur Analyse	30% H_2O_2 [nach DAB. 6.]
9	*Antimontrioxyd*	Sb_2O_3
10	*Dithiollösung*	0,2% $C_6H_3(SH)_2CH_3$ 0,3% $CH_2(SH)COOH$ 1,0% NaOH [vgl. S. 97]
	Phosphorsalzmischung zur Herstellung der Zinnperle	75,0% $NaNH_4HPO_4 \cdot 4\,H_2O$ 24,9% KNO_3 0,1% $Cu(CH_3COO)_2 \cdot H_2O$ [vgl. S. 99]

Unter-
abschnitt

10 Schwefel   S
    Zinn (granuliert oder geraspelt) Sn
    Zinndioxyd SnO_2
11 *Kaliumantimonyltartrat* $C_4H_4O_6KSbO \cdot \frac{1}{2} H_2O$

Abschnitt IV.

1   *Curcumapapier*
    Methylalkohol CH_3OH
    Natriumtetraborat $Na_2B_4O_7 \cdot 10 H_2O$
2   Cadmiumcarbonat $CdCO_3$
3   Fuchsin-Malachitgrünlösung   0,019% Fuchsin
                                                   0,006% Malachitgrün   [vgl. S. 105]
    Kaliumjodat KJO_3 [vgl. auch Unterabschn. 10]
    Natriumsulfit $Na_2SO_3 \cdot 7 H_2O$ [vgl. auch Unterabschn. 5]
4   *Natriumthiosulfat* $Na_2S_2O_3 \cdot 5 H_2O$
                                                            [vgl. auch Unterabschn. 5, 9]
5   *Natriumsulfit* $Na_2SO_3 \cdot 7 H_2O$
    Natriumthiosulfat $Na_2S_2O_3 \cdot 5 H_2O$
    Strontiumnitrat $Sr(NO_3)_2$
6   *Kohle*   C
    Kupferoxyd (Cuprioxyd)   CuO
    Phosphor, rot   P
    Schwefelkohlenstoff CS_2
7   *Chlorkalk* $Ca(ClO)_2 \cdot 2 Ca(OH)_2 + CaCl_2 \cdot Ca(OH)_2 \cdot H_2O$
                                                   $+ CaCl_2 \cdot 4 H_2O$ [vgl. auch Unterabschn. 8]
    Indigokarminlösung   0,2% Indigokarmin
                                                            [nach DAB. 6.; vgl. S. 110]
    Natriumperchlorat $NaClO_4$ [vgl. auch Unterabschn. 8]
    Quecksilber   Hg
8   *Chlorkalk* $Ca(ClO)_2 \cdot 2 Ca(OH)_2 + CaCl_2 \cdot Ca(OH)_2 \cdot H_2O$
                                                   $+ CaCl_2 \cdot 4 H_2O$
    Natriumchlorat $NaClO_3$
    Natriumperchlorat $NaClO_4$
9   Aceton $CH_3 \cdot CO \cdot CH_3$
    Chloramin $C_7H_7O_2SNNaCl \cdot 3 H_2O$
    Kaliumbromid   KBr   [vgl. auch Unterabschn. 11, 16]
    Kaliumpermanganatlösung,   5% $KMnO_4$
        konzentriert
    Natriumthiosulfat $Na_2S_2O_3 \cdot 5 H_2O$
    Zink (Zinkstaub)   Zn
10 *Kaliumjodat* KJO_3
    Kaliumjodid   KJ
11 *Kaliumbromid*   KBr
12 Harnstoff $CO(NH_2)_2$
    Phenylendiaminlösung, meta   0,5% $C_6H_4(NH_2)_2 \cdot 2 HCl$
                                                   0,5% CH_3COOH [vgl. S. 117]
13 Calciumfluorid CaF_2
    Kieselsäurehydrat, gefällt, $H_2SiO_3 \cdot n H_2O$
        trocken
    Natriumsilicatlösg., Wasserglas etwa 35% $Na_2Si_3O_7 + Na_2Si_4O_9$
14 *Natriumfluorid*   NaF
    Natriumsilicofluorid $Na_2[SiF_6]$
16 *Kaliumbromid*   KBr
    Silbersulfat Ag_2SO_4

Tabelle 5.
Löslichkeit analytisch wichtiger Stoffe in Wasser bei 15—20° C.
(Betr. Löslichkeit der Sulfide, vgl. Tab. 6.)

Stoff	In 1 Liter Lösung sind gelöst		Stoff	In 1 Liter Lösung sind gelöst	
	mg	mMol $\left(=\frac{Mol}{1000}\right)$		mg	mMol $\left(=\frac{Mol}{1000}\right)$
Ag_3AsO_3	11,5	0,026	$Co(OH)_3$	3,2	0,029
Ag_3AsO_4	8,5	0,018	$CuSCN$	0,5	0,004
$AgBr$	0,13	0,0007	CuJ	4,3	0,023
$AgCN$	0,22	0,0016	$Cu(OH)_2$	5,4	0,056
$AgSCN$	0,166	0,001	$Fe(OH)_2$	0,73	0,0081
Ag_2CO_3	32,0	0,12	$Fe(OH)_3$	0,000048	0,00000045
$Ag_2(COO)_2$	36,6	0,12	Hg_2Cl_2	2,1	0,0045
$Ag_2C_4H_4O_6$	2012,0	5,5	Hg_2J_2	0,0002	0,0000003
$AgCl$	1,45	0,01	HgJ_2	0,4	0,089
Ag_2CrO_4	25,2	0,076	HgO (gelb)	52,0	0,24
$Ag_2Cr_2O_7$	83,0	0,19	$MgCO_3$	94,0	1,1
$Ag_3[Fe(CN)_6]$	0,66	0,0012	MgF_2	87,4	1,4
AgJ	0,0035	0,000015	$MgNH_4PO_4$	55,0	0,40
Ag_2O	26,4	0,11	$Mg(OH)_2$	23,2	0,4
Ag_3PO_4	6,4	0,015	$Mn(OH)_2$	1,9	0,021
$BaCO_3$	17,2	0,087	$MnO(OH)_2$	0,43	0,0041
$Ba(COO)_2$	77,3	0,38	$Ni(OH)_2$	12,7	0,14
$BaCrO_4$	3,5	0,014	$PbCO_3$	1,11	0,00415
$BaSO_3$	197,4	0,91	$PbCrO_4$	0,129	0,0004
$BaSO_4$	2,24	0,0096	PbO	12,39	0,056
BaF_2	1210,0	6,9	$Pb(COO)_2$	1,8	0,0061
$BiOOH$	1,44	0,006	$PbSO_4$	41,6	0,137
$CaCO_3$	13,0	0,13	$SrCO_3$	10,0	0,068
$Ca(COO)_2$	4,9	0,038	$Sr(COO)_2$	46,1	0,26
CaF_2	18,3	0,24	SrF_2	117,3	0,91
$Ca_3(PO_4)_2$	3,6	0,012	$SrSO_4$	114,0	0,62
$CaSO_4$	2000,0	14,8	$ZnCO_3$	0,58	0,0046
$Cd(OH)_2$	2,1	0,014	$Zn(OH)_2$	5,62	0,057

Tabelle 6.
Löslichkeit analytisch wichtiger Sulfide in Wasser bei 18° C.

Stoff	In 1 Liter Lösung sind gelöst		Stoff	In 1 Liter Lösung sind gelöst	
	mg	mMol $\left(=\frac{Mol}{1000}\right)$		mg	mMol $\left(=\frac{Mol}{1000}\right)$
Ag_2S	0,174	0,0007	HgS	0,0125	0,000054
As_2S_3	0,517	0,0021	MnS	6,09	0,07
Bi_2S_3	0,18	0,00035	NiS	3,62	0,04
CdS	1,3	0,009	PbS	0,86	0,00359
CoS	3,79	0,0416	Sb_2S_3	1,75	0,0052
CuS	0,336	0,00351	SnS_2	0,146	0.00080
FeS	6,17	0,0702	ZnS	6,88	0,0706

Tabelle 7. Atomgewichte vom Jahr 1942.

Element	Symbol	Ordnungszahl	Atomgewicht	Element	Symbol	Ordnungszahl	Atomgewicht
Aluminium ..	Al	13	26,97	Neon	Ne	10	20,183
Antimon ...	Sb	51	121,76	Nickel	Ni	28	58,69
Argon	Ar	18	39,944	Niob	Nb	41	92,91
Arsen.......	As	33	74,91	Osmium	Os	76	190,2
Barium	Ba	56	137,36	Palladium ..	Pd	46	106,7
Beryllium ..	Be	4	9,02	Phosphor ...	P	15	30,98
Blei	Pb	82	207,21	Platin	Pt	78	195,23
Bor	B	5	10,82	Praseodym .	Pr	59	140,92
Brom	Br	35	79,916	Protaktinium	Pa	91	231
Cadmium ...	Cd	48	112,41	Quecksilber .	Hg	80	200,61
Caesium	Cs	55	132,91	Radium.....	Ra	88	226,05
Calcium.....	Ca	20	40,08	Radon	Rn	86	222
Cassiopeium	Cp	71	174,99	Rhenium....	Re	75	186,31
Cer	Ce	58	140,13	Rhodium....	Rh	45	102,91
Chlor	Cl	17	35,457	Rubidium ...	Rb	37	85,48
Chrom	Cr	24	52,01	Ruthenium .	Ru	44	101,7
Dysprosium .	Dy	66	162,46	Samarium...	Sm	62	150,43
Eisen	Fe	26	55,85	Sauerstoff ..	O	8	16,0000
Erbium	Er	68	167,2	Scandium ..	Sc	21	45,10
Europium...	Eu	63	152,0	Schwefel ...	S	16	32,06
Fluor.......	F	9	19,00	Selen	Se	34	78,96
Gadolinium .	Gd	64	156,9	Silber	Ag	47	107,880
Gallium.....	Ga	31	69,72	Silicium	Si	14	28,06
Germanium .	Ge	32	72,60	Stickstoff ...	N	7	14,008
Gold	Au	79	197,2	Strontium...	Sr	38	87,63
Hafnium....	Hf	72	178,6	Tantal......	Ta	73	180,88
Helium	He	2	4,003	Tellur	Te	52	127,61
Holmium ...	Ho	67	164,94	Terbium	Tb	65	159,2
Indium	In	49	114,76	Thallium ...	Tl	81	204,39
Iridium	Ir	77	193,1	Thorium	Th	90	232,12
Jod	J	53	126,92	Thulium	Tm	69	169,4
Kalium	K	19	39,096	Titan.......	Ti	22	47,90
Kobalt	Co	27	58,94	Uran	U	92	238,07
Kohlenstoff .	C	6	12,010	Vanadium...	V	23	50,95
Krypton	Kr	36	83,7	Wasserstoff .	H	1	1,0080
Kupfer	Cu	29	63,57	Wismut	Bi	83	209,00
Lanthan	La	57	138,92	Wolfram ...	W	74	183,92
Lithium	Li	3	6,940	Xenon	X	54	131,3
Magnesium ..	Mg	12	24,32	Ytterbium ..	Yb	70	173,04
Mangan	Mn	25	54,93	Yttrium	Y	39	88,92
Molybdän ..	Mo	42	95,95	Zink........	Zn	30	65,38
Natrium	Na	11	22,997	Zinn........	Sn	50	118,70
Neodym	Nd	60	144,27	Zirkonium ..	Zr	40	91,22

Sachverzeichnis.

Seitenzahlen in Kursivdruck weisen auf eine ausführlichere Behandlung des Gegenstandes hin.